小学生C++

创意编程

视频教学版

刘凤飞 著

```
#include <i
using names
int main()
```

```
#include <iostream>
using namespace std;
void shuchu() {
    int a=10, b=12;
    cout << a+b << endl;
}
```

清华大学出版社

北京

内 容 简 介

C++是信息学奥赛指定的编程语言。本书以通俗易懂的方式深入浅出地介绍了C++编程语言，适合作为小学生学习的教材类读物。

本书的特点在于紧密结合生活，将算法融入其中。精心挑选了100多个案例，旨在逐步引导读者掌握编程技巧。书中的案例难度梯度设计合理，既能够满足孩子的挑战欲，又能让他们在完成任务后获得内在的成就感。本书以逻辑思维、算法思考为核心，旨在激发孩子对编程的学习兴趣，并建立编程带来的成就感；采用多种教学模式，提供多种学习方法，让孩子真正感知程序设计，理解编程，提升思维。本书涵盖了C++中的各个知识点，包括指针等高级主题，解决了C++学习难、难入门的局面。同时本书还配备了大量练习题，辅助读者进行手动实验，从而达到举一反三、助力竞赛的目的。

本书适合四年级以上小学生阅读，可作为各类竞赛、等级考试、信息学奥赛的入门教材，同时也可供编程教育工作者选作教材和参考书。

图书在版编目（CIP）数据

小学生C++创意编程：视频教学版 / 刘凤飞著.—北京：清华大学出版社，2024.1 (2025.3重印)
ISBN 978-7-302-65115-4

Ⅰ.①小… Ⅱ.①刘… Ⅲ.①C++语言－程序设计－少儿读物 Ⅳ.①TP312.8-49

中国国家版本馆CIP数据核字（2024）第005781号

责任编辑：赵　军
封面设计：王　翔
责任校对：闫秀华
责任印制：宋　林
出版发行：清华大学出版社
　　　　　网　　址：https://www.tup.com.cn，https://www.wqxuetang.com
　　　　　地　　址：北京清华大学学研大厦A座　　　　　邮　　编：100084
　　　　　社 总 机：010-83470000　　　　　　　　　　邮　　购：010-62786544
　　　　　投稿与读者服务：010-62776969，c-service@tup.tsinghua.edu.cn
　　　　　质量反馈：010-62772015，zhiliang@tup.tsinghua.edu.cn

印 装 者：三河市君旺印务有限公司
经　　销：全国新华书店
开　　本：185mm×235mm　　　印　　张：30.75　　　字　　数：738千字
版　　次：2024年1月第1版　　　印　　次：2025年 3月第10次印刷
定　　价：148.00元

产品编号：103276-01

推荐序

少儿编程不仅仅是学习一门技术，更重要的是开拓思维方式，引领孩子打开人工智能世界的大门。果果老师的书籍不仅符合少儿编程的初衷，更为孩子们提供了一种循序渐进的学习方式。

果果老师对于少儿编程的理解和研究让我深感钦佩。他致力于让更多的孩子通过编程触达科技，用独特的方式启发孩子们的学习兴趣。果果老师此次编写的3本书都精心设计，以兴趣、知识和思维为核心，促进孩子们在编程学习中培养自主思考的能力和创造力。

这3本书各具特色。《小学生Scratch创意编程：视频教学版》聚焦思维启蒙，着重于项目拆解和分析，培养孩子的编程思维。《小学生Python创意编程：视频教学版》着眼于实际应用，从代码编写到应用场景，循序渐进地引导学生。而《小学生C++创意编程：视频教学版》侧重于算法思维，通过解答问题和编程角度的思考，培养孩子的抽象算法能力。

这3本书都采用了教材式的编写方式，以项目制的教学模式为孩子们提供了丰富的实战练习。在项目结束后，还提供了大量的练习题，鼓励学生创新实践，让他们在编程学习中有更多的创新思考和实践的空间。

果果老师的编程书籍不仅传授知识，更是启发孩子们探索世界和未知领域的钥匙。这些书籍将为学习者带来全新的编程体验，让孩子们在这个人工智能改变世界的时代转型中立于不败之地。

王江有

全国工商联教育商会人工智能教育专委会主任

民进中央教育委员会委员

小码王教育集团创始人CEO

读书笔记
Reading notes

前言

在如今这样一个科技高速发展的时代，各行各业已经离不开程序设计，少不了编程。对于中小学生而言，了解程序设计、掌握编程、提升思维、运用编程工具分析和解决问题已经是一件越来越重要的事情了。

近年来，中国计算机学会每年都会举行"全国青少年信息学奥林匹克竞赛（NOI）"，旨在向青少年普及计算机科学知识，给学校的信息技术教育课程提供新的内容和思路，给那些有才华的学生提供相互交流和学习的机会，通过竞赛和相关的活动培养和选拔优秀计算机人才。

目前，市面上用于学习C++的教材特别多，但大部分更适合编程人员、大学生或具有扎实基础的中学生。我一直认为"少儿编程绝不是成人编程教育的缩减版"，更不是挑选一些简单的知识和技巧给中小学生，而是需要精心筛选课程内容，并且要做到以下几点：

1. 激发学习兴趣：案例挑选、课程设计都需具有趣味性，让兴趣来做最好的老师。例如会跳舞的机器人、可以关机的黑客技术等。好奇心可以激发大脑产生θ波，让学习质量大大提升。

2. 满足内在成就感：学习有时候真的充满挑战，需要不断地探索未知，重复地刷题解题。那么应该如何让孩子坚持呢？我构建了120%难度梯度理论，就是为了既满足孩子的挑战欲，又满足他们的成就感。

如果难度梯度低于100%，学习者会觉得太简单，学习没意义，因为自己都会了。但是如果难度梯度超过120%，学习者又会感觉难度太大，这是一座无法逾越的大山。本书精心挑选了100多个案例，经过长时间的打磨和调整，将整个学习过程的难度梯度控制在100%~120%，目的是让学习者始终保持对学习的热情和兴趣。

3. 提升思考质量：我常常告诫学生们："知识不够，思维来凑。"因为知识是无穷无尽的，每门语言都有数不清的函数和说不尽的模块。如果要等所有知识都掌握到位才能解决问题，那什么时候才是个头呀。在现有的知识范围内解决问题，关键在于有良好的思考能力，运用这种思考能力再次回溯知识，总结经验。本书中的许多问题都先用已学知识来思考如何解决，然后探索新的解决方案。

4. 掌握学习方法：从Scratch、Python到C++，我一直强调学习方法，主张知识不是老师灌输的，而是我们共同探索的。遇到看不懂的错误和程序时，不妨先尝试"翻译助力学习法"，或许瞬间就会豁然开朗；遇到相似的内容，运用"对比学习"总结归纳相同之处，找出差异，再通过"测试总结"进行自我学习；学会应用"图解法"，将抽象的问题具象化。信息的发达对于我们探索出属于自己的自主学习方法至关重要。

按照这样的路径学习：记录思考、怎么想的、为什么呢、寻找问题、明确问题、描述问题、分析问题、得出解决方法、尝试解决方法、验证解决方法、总结收获。

学习编程的一个特别大的好处就是可以不断地进行探索和尝试。

5. 培养思维力：将各种思维方式融入学习和思考过程中：描述性思维、比较性思维、类比性思维、分类性思维、整体分析思维、因果关系思维、发散性思维、程序性思维、计算性思维、批判性思维……

虽然书中并未逐一分析和讲解这些思维方式，但在视频讲解和分析中会将它们融入其中。

学习C++编程不仅仅是为了参加竞赛，应该在学习过程中兼顾以上5个方面，更确切地说应该是做到以上5个方面比学习知识更重要。

知识宛如浩瀚的海洋，我们需要学会游泳的技能，这样才能在知识的海洋中畅游。因此，我编写了这本学习教材，适合广大对C++有热情但又被其"难度"所阻挡的中小学生。希望通过学习本书，读者不仅能够掌握C++编程的基础知识，还能提升自己的逻辑思维和算法思考能力。

读者可以通过手机扫描二维码获取本书配套资料包，扫描后选择发送到邮箱，然后在计算机上登录邮箱下载对应文件。如果有疑问，请查阅下载文件中的必读Word文档，文档中的第二步是获取编程软件和课后习题答案。视频课程在每课标题旁边，可直接扫码观看。建议优先看书学习，这对思考帮助更大，在实操不清楚的地方再观看视频。

如果下载有问题，请发送电子邮件至booksaga@126.com，邮件主题为"小学生C++创意编程：视频教学版"。

编者，于杭州

2023年12月

ontents　目　录

第三部分　不辞辛苦——循环结构

第四部分　点、线、面、立体的组合——数组

第五部分　功能的复用——函数

第六部分　C++ 的灵魂——指针

第一部分
初识C++——顺序结构

准备课

轻、便、快的 C++ 学习神器 （运用 Dev-C++）

学习C++，我们将进入一个全新的领域。与计算机交朋友，在应用数学的海洋里遨游，探寻发明者的智慧结晶。别觉得C++很难，其实你早已是一个编程高手，面对如此复杂的上学指令，你每天都游刃有余地执行着，不是吗？

上学指令：

起床

↓

换衣服

↓

洗漱

↓

吃早餐

↓　　　　　　　*其中每个大的指令又包含很多小的指令*

整理书包 → 拿出书包 → 拉开拉链 → 把书放进去 → 拉上拉链

↓

出发

你多厉害呀，既能编写命令，又能执行命令。

只是现在的计算机还不够智能，它没办法理解我们说的话。下面的两段对话，就能把计算机绕晕了。

A

我：你等等，我先去方便一下。

计算机：方便是什么意思？

我：方便就是上厕所的意思。

计算机：我懂了！

B

我：我方便的时候，你随时过来。

计算机：不太好吧，你上厕所的时候我过来太不文明了吧！

我：额~这里说的"方便"是我有时间的意思。

计算机：什么情况，我懵圈了。

哈哈，一个"方便"，就难倒了计算机。

　　因此，与计算机沟通需要借助编程语言。那么，如何将编程语言传达给计算机呢？这就需要使用**集成开发环境**，在其中写入编程语言，经过**编译**转换成计算机能够看懂的命令，然后运行。

　　Dev-C++就是这样一个集成开发环境，运用它可以实现C++程序的**编辑**、**编译**、**运行**和**调试**。如果你的计算机中还没有安装这个软件，记得先下载并安装（见前言末尾二维码中的资料文件）。

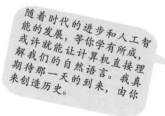

随着时代的进步和人工智能的发展，等你学有所成，或许就能让计算机直接理解我们的自然语言。我真期待那一天的到来，由你来创造历史。

▼ Dev-C++的安装

1 双击运行Dev-C++安装包。

2 等待安装程序加载。

3 加载完成后，选择安装环境的语言，默认为English。

4 单击"I Agree"按钮接受许可协议，进入下一步。

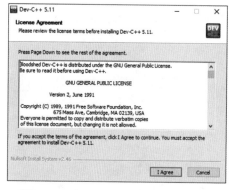

5 单击"Next"按钮，继续下一步。

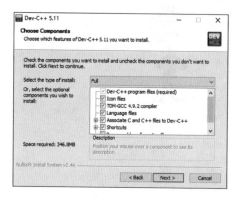

6 选择该集成开发环境要安装的磁盘位置，这里我将该软件安装在D盘。

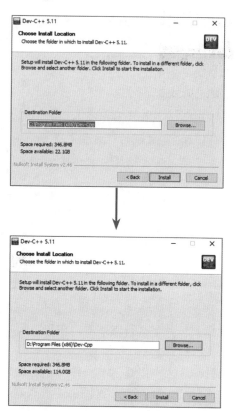

7 单击"Install"按钮后，等待安装进行。

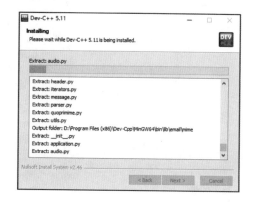

8 单击Finish按钮完成安装，并打开Dev-C++。

9 进入软件界面后选择语言，这里我选择的是"简体中文/Chinese"，然后单击Next按钮。

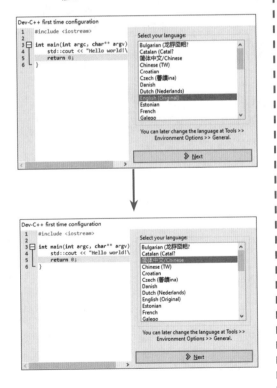

10 这里可以调整字体和风格，通常习惯使用默认状态，直接单击Next按钮，进入下一步。

11 一切完成，单击OK按钮开始编程。

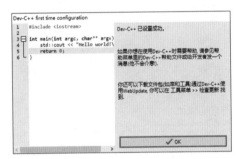

12 进入编程界面，它长这样。

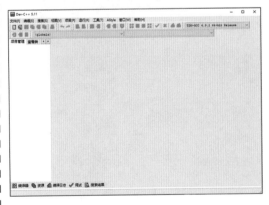

▼ 我的欢迎程序

尝试着创建C++源文件，编写一个程序。编程学习过程中，能够让程序正常运行至关重要，如果程序卡住了，不要着急往下学习，先解决程序问题。**理解知识**和**实操编程**两者相辅相成，缺一不可。

1 依次单击"文件"→"新建"→"源代码"。

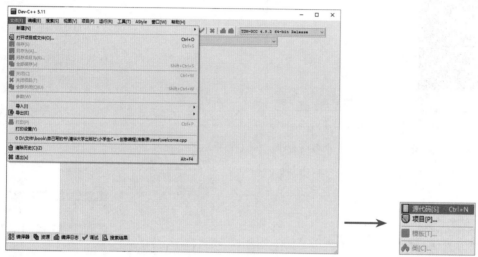

2 在光标闪烁的位置输入代码。

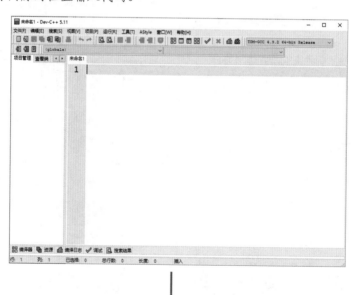

3 输入以下代码，这里不用理解代码的含义，照着敲一敲，感受一番，先成功运行第一个C++程序。

注意

代码中的符号，要在英文格式下输入！cout和return前的空隙称为缩进，是4个空格。

代码

```
1   #include <iostream>
2   using namespace std;
3   int main() {
4       cout << "欢迎加入C++队列！";
5       return 0;
6   }
```

第一个程序也不一定要"Hello World！"嘛！

4 运行程序之前必须保存程序文件（也称为源代码文件或源程序文件），单击"文件"→选择"保存"或"另存为"，将程序文件命名为welcome.cpp并保存到计算机中。

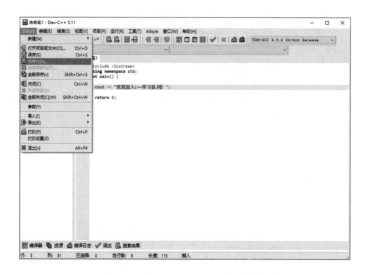

一个好记又有含义的文件名特别重要。

5 源代码文件保存后，依次单击"运行"→"编译运行"，对源代码进行编译运行。

此时一共进行了两步，一步是编译，一步是运行。我们也可以将它拆开，先编译再运行。

敲黑板

编写完代码后，单击编译运行，查看程序结果。

源文件 ──→ 编译 ──→ 运行

源程序文件编译后会生成一个.exe文件，运行的就是这个.exe文件。

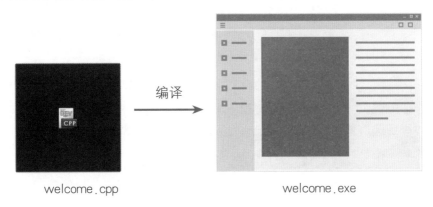

welcome.cpp   welcome.exe

注意

每次修改代码后，运行程序前都需要编译。

6 程序运行效果。

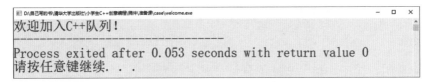

试试双击welcome.exe文件，看看程序是否直接运行。

第1课

被玩坏的字符（程序的输出）

大脑是一个超级强大的计算机，我们的阅读、游历、见识是输入，而我们的好奇、思考和想象则是处理，我们的写作、绘画和编程则是输出。

古时候李白远望庐山瀑布（输入），这个信息经过他的大脑进行思考和创作（加工处理），他便能赋诗一首（输出）。

《望庐山瀑布》

日照香炉生紫烟，遥看瀑布挂前川。

飞流直下三千尺，疑是银河落九天。

▶ **温故知新**

将我们准备课编写的代码修改一番，就能输出《望庐山瀑布》。

1 创建一个新的C++源代码文件，命名为poem.cpp。

敲黑板

在计算机系统中，每个文件都有一个名字，而这个名字的命名有个规则：**文件名 +.+扩展名**。

poem . cpp

文件名　　扩展名

就像我们的命名规则是**姓**+**名**一样。

● 文件名：用于识别文件，通常需要起一个既易于记忆又能准确反映文件内容的名称。

● 扩展名：告诉计算机这个文件属于何种类型，比如图片的JPG类型、视频的MP4类型等。

2 好了，让我们开始编写代码吧。

代码

```
1    #include <iostream>                                    //头文件
2    using namespace std;                                   //命名空间
3    int main(){                                            //主函数
4        cout << "《望庐山瀑布》";                            //输出语句
5        cout << "日照香炉生紫烟，遥看瀑布挂前川。";              //输出语句
6        cout << "飞流直下三千尺，疑是银河落九天。";              //输出语句
7        return 0;                                          //返回0
8    }
```

3 运行程序，诗句就输出到屏幕中了。

```
■ D:\文件\book\自己写的书\清华大学出版社\小学生C++创意编程\第1课\case\poem.exe        —    □    ×
《望庐山瀑布》日照香炉生紫烟，遥看瀑布挂前川。飞流直下三千尺，疑是银河落九天。

Process exited after 0.5891 seconds with return value 0
请按任意键继续. . .
```

一起来分析一下这个程序，这是我们学习C++的起点。

（1）#include <iostream>预处理命令。

翻译助力理解

● include：包括、包含。

● iostream："i"代表输入（input），"o"代表输出（output），"stream"表示数据流。组合起来可以理解成输入输出数据流。

在我们使用C++之前，前辈们已经创造了许多工具，使得我们的编程变得更加便捷。例如，**iostream**就是一个拥有强大的输入和输出能力的工具，其同名文件被称为"头文件"。

想要将这个"头文件"对应的工具运用到程序中，就需要通过#include这个**预处理指令**将"头文件"包含到我们的程序里，为我所用。

划重点

这句代码的意思就是告诉计算机，我要将 iostream里面的输入和输出功能运用到我的程序中。

#和<> 是语法规则，别漏了!

语法规则是：#include <头文件的名字>。

（2）using namespace std。

翻译助力理解

● using：使用、运用。

● namespace：命名空间。

● std：standard的缩写，意思是标准。

随着越来越多的人为C++创造工具，各种工具的名字就很有可能重复。为了避免重名带来的冲突，于是就引入了命名空间。

想一想：计算思维用于生活

为什么学校在分班的时候，要把两个名字相同的学生分在不同的班级呢？

在"C++学校"，有两名学生的名字都叫作"凤飞"，如果他们分在同一个班，当老师点名"凤飞"的时候，这两个同学就不知道喊的是谁了。

如果将一名"凤飞"同学分在A班，将另外一名"凤飞"同学分在B班，是不是就解决问题了。即使学校点名时，只需说"A班的凤飞"，也可以轻松地区分。

这里的A班、B班就可以看作命名空间。

使用using namespace std这句代码就是告诉编译器，"我要在代码中使用标准命名空间中的工具"。这样就可以直接使用工具cout，而不需要在前面添加std::。

如果没有了命名空间，就需要在cout前加上标识std::，如下所示。

```
1   #include <iostream>              //头文件
2   int main(){                      //主函数
3       std::cout << "《望庐山瀑布》";     //输出语句
4       std::cout << "日照香炉生紫烟，遥看瀑布挂前川。";  //输出语句
5       std::cout << "飞流直下三千尺，疑是银河落九天。";  //输出语句
6       return 0;                    //返回0
7   }
```

（3）

代码
```
int main(){

    return 0;
}
```

在C++中，int main()是程序的主函数，这是程序执行的起始点。

- int是一种数据类型（整型），表示主函数有一个整型的返回值，后面的代码 return 0;返回了整型数字0。
- {}表示了主函数的代码块，指令就编写在这对花括号里面。
- return 0是一个返回语句，返回0表示程序成功地执行完毕。

敲黑板

主函数有起始点，同时需要结束点，所以发明者设计了{ }，成对的符号可以便捷地约束起始点和结束点。

想一想，还有哪些符号是成对的？

( )、[ ]、" "、' '、< >，它们也有大用途，在后面的学习中都会讲到。

（4）cout << "《望庐山瀑布》"。

翻译助力理解

- cout：这里是"character output"的缩写，意思为字符输出。

将"《望庐山瀑布》"这个文本传递给输出流对象cout，然后显示在屏幕上。" "里面包裹的文本就是要输出的内容。

划重点

<<方向是重点，同时注意这里的<<是两个<，而不是一个书名号"《"。
方向代表了流向，cout << "《望庐山瀑布》"的流向是输出，所以箭头指向cout的方向。

输出流 cout　　流向 <<　　"《望庐山瀑布》"

数据流向哪里，方向就朝哪里。

（5）代码语句的结束标识。

写作时，一句话写完后通常会以句号（。）结尾。而在C++编程中，执行语句以英文格式的分号（;）结尾，告诉计算机这句话结束了。

 敲黑板

程序执行指令结束都需要用 ; 结尾。

● #include <iostream>预处理命令是准备动作，所以不用;结尾。

● { }不是实际的命令执行语句，也不用;结尾。

▶ **提出思考**

"《望庐山瀑布》日照香炉生紫烟，遥看瀑布挂前川。飞流直下三千尺，疑是银河落九天。"运行结果将标题和诗句排成一排了，怎么分行呢？

只需要加上endl即可，它可以让输入结束一行后开启新的一行。

翻译助力理解

● endl：这是end line的意思，表示结束一行。

```
1  #include <iostream>                              //头文件
2  using namespace std;                             //命名空间
3  int main(){                                      //主函数
4      cout << "《望庐山瀑布》" << endl;              //结束一行
5      cout << "日照香炉生紫烟，遥看瀑布挂前川。" << endl;  //结束一行
6      cout << "飞流直下三千尺，疑是银河落九天。";      //输出语句
7      return 0;                                     //返回0
8  }
```

运行程序，标题和诗句分开了。

```
D:\文件\book\自己写的书\清华大学出版社\小学生C++创意编程\第1课\case\poem.exe    —    □    ×
《望庐山瀑布》
日照香炉生紫烟，遥看瀑布挂前川。
飞流直下三千尺，疑是银河落九天。
Process exited after 2.458 seconds with return value 0
请按任意键继续. . .
```

▼ **捣鼓字符**

学会输出后，我们一起来捣鼓一下字符，运用字符输出有趣的图案。

"纸上得来终觉浅，绝知此事要躬行。"编程高手都是敲代码练出来的。

代码

```
1   #include <iostream>
2   using namespace std;
3   int main(){
4
5       cout << "                        · +++++++ · " << endl;
6       cout << "                      * -- · -- · * " << endl;
7       cout << "                      *   0   0   *" << endl;
8       cout << "                      *      `      * " << endl;
9       cout << "                       *    WW    * " << endl;
10      cout << " _____ooo__ ____|_|_____ _____ " << endl;
11      cout << " *                                        *" << endl;
12      cout << "*    天行健君子以自强不息，地势坤君子以厚德载物    *" << endl;
13      cout << " *_____ooo_____*" << endl;
14      cout << "                  |       |     | " << endl;
15      cout << "                  |       |     | " << endl;
16      cout << "                  | _   | _   | " << endl;
17      cout << "                  |       |     | " << endl;
18      cout << "                  | _   | _   | " << endl;
19      cout << "                  (--) Y (--)" << endl;
20      cout << "                  ( _ )     ( _ ) ";
21
22      return 0;
23  }
```

运行看看结果：

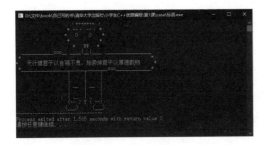

▶ 巩固练习

（1）以下哪个是C++源程序的文件名呢？（　　）

    A．自我介绍 .pptx

    B．优美音乐 .mp3

    C．first .cpp

    D．一架飞机 .jpg

（2）找出程序中的两处错误，并在代码中改正。

```
代码  include <iostream>
      using namespace std;

      int main(){

          cout << "请找出代码中的两处错误！"<<endl;
          return 0
      }
```

（3）运用cout输出一架飞机，记得秀一秀正确的程序结果。

```
代码              #
        #        ##
         ##        ###
          ###      ####
           ##################
                  ####
                 ###
                ##
               #
```

第2课

蹩脚的 "ChatGPT"
（信息输入）

要和计算机交朋友，就少不了互动，互动就离不开输入输出。不同的输入结合不同的算法得到不同的输出。

计算器中，输入数字，经过四则运算，输出答案。
摄像机中，输入画面，经过剪辑处理，输出视频。
学习机中，输入题目，经过搜索分析，输出题解。

输入 ——→ 算法 ——→ 输出

▶ **温故知新**

现在给你输入一些画面，然后经过你的大脑的思考加工，找到对应画面的李白的诗句，并运用cout输出你联想到的诗句吧。

3

给上面每幅画，编写一段程序输出对应的诗句吧。

（1）

```
代码   1   #include <iostream>
       2   using namespace std;
       3   int main() {
       4       cout << "长风破浪会有时，直挂云帆济沧海。";
       5       return 0;
       6   }
```

（2）

```
代码   1   #include <iostream>
       2   using namespace std;
       3   int main() {
       4       cout << "举头望明月，低头思故乡。";
       5       return 0;
       6   }
```

（3）

```
代码   1   #include <iostream>
       2   using namespace std;
       3   int main() {
       4       cout << "两岸猿声啼不住，轻舟已过万重山。";
       5       return 0;
       6   }
```

▼ 创造我的"ChatGPT"

ChatGPT是人工智能技术驱动的自然语言处理工具，它能够基于在预训练阶段所见的模式和统计规律生成回答，并且能根据聊天的上下文进行互动，实现像人类一样的聊天交流。此外，它甚至能完成撰写邮件、视频脚本、文案、翻译、代码以及写论文等任务。

我就是这样，敢想敢为，想到了就去创造。

ChatGPT太强大了，我非常崇拜它。虽然我只学了几天的C++，但是我决定创造一个。

于是，我成功地创造了一个调皮的"ChatGPT"。

```
1   #include <iostream>
2   #include <string>
3   using namespace std;
4
5   int main(){
6       string question;
7       cout << "我是蹩脚的ChatGPT,你有什么问题吗? " << endl;
8       cin >> question;
9       cout << "都说了我是蹩脚的ChatGPT,所以我不知道[" + question + "]的答案. ";
10      return 0;
11  }
```

运行程序后，它问我：

我是蹩脚的ChatGPT，你有什么问题吗？

我提出问题：

怎样才能成为C++大神？

它回答道：

都说了我是蹩脚的ChatGPT，所以我不知道【怎样才能成为C++大神？】的答案。

运行效果是这样的：

这回答，好气又好笑。

19

还真是蹩脚的程序，不过它竟然能知道我问的问题，看来它还是有两把刷子。让我们一起探索一下程序是如何知道我们提出问题的。

（1）要使用**string**工具，则先要将头文件包含进程序，使用预处理命令#include <string>。

（2）**string question**表示声明一个名为question的变量，该变量的类型是**string**。

 敲黑板

想象一下，在计算机中，你创建了一个魔法盒子，可以用来存放各种东西。这个盒子上贴着一个特殊的标签，叫作"变量"。当我们需要往计算机里存放东西时，就去创建一个魔法盒子。

举一个例子：现在我创建了一个question的魔法盒子（变量），把我输入的问题存放在里面。当我或者计算机想要知道里面的问题时，只需要找到question就可以知道里面存放的内容。

在计算机中，将东西放入魔法盒子（变量），通常是称为**赋值**。

（3）**cin >> question**将输入的内容**赋值**给**question**变量。这时候魔法盒子question里面存放的就是输入的内容。

翻译助力理解

● cin：是console input的缩写，表示从控制台输入数据。

划重点

>>方向是重点

方向代表了流向，**cin >> question**的流向是从输入流向变量。

对比学习cout <<

（4）**cout <<"都说了我是蹩脚的ChatGPT，所以我不知道[" + question + "]的答案。"。**

因为将输入的问题赋值给了**question**，所以这里使用该变量就可以知道问题的内容了。虽然蹩脚，但是程序将回答的话语和问题用+进行了组合。数字与字符串不能直接+。

在C++中，放在双引号（**" "**）里面的内容被称为**字符串**，这样就能原样输出了。

如果是这样，编译器就会把question当作一个英文单词直接输出，而不是当作输出变

量question中的内容。

cout << "都说了我是整脚的ChatGPT，所以我不知道[question]的答案。"

为了避免这个问题，伟大的发明者通过**拆分**再**组合**的方式实现了输出。将输出内容拆成3部分后通过+进行组合。

①"都说了我是整脚的ChatGPT，所以我不知道["

+

②question

+

③"]的答案。"

▼ 人工智能的问候

试着与计算机对话，它可以记住你的名字、家乡、年龄等。

```
1    #include <iostream>
2    #include <string>
3    using namespace std;
4
5    int main(){
6
7        string name, age, hometown;
8
9        cout << "你好，你是谁？" << endl;
10       cin >> name;
11       cout << name + "，很高兴认识你，你今年几岁呢？" << endl;
12       cin >> age;
13       cout << age + "，真好的年龄！你来自哪里？" << endl;
14       cin >> hometown;
15       cout << "酷哦！" + name + "欢迎你在这么美好的年龄，从" + hometown + "
    来和我一起学C++。";
16
17       return 0;
18   }
```

运行看看结果：

```
D:\文件\book\自己写的书\清华大学出版社\小学生C++创意编程\第2课\case\人工智能的问候.exe    —    □    ×
你好，你是谁？
凤飞
凤飞，很高兴认识你，你今年几岁呢？
32
32，真好的年龄！你来自哪里？
江西
酷哦！凤飞欢迎你在这么美好的年龄，从江西来和我一起学C++。
--------------------------------
Process exited after 10.91 seconds with return value 0
请按任意键继续. . .
```

▶ 巩固练习

（1）哪段代码可以将键盘输入的内容赋值给变量word？（   ）

    A．cout >> word

    B．cin << word

    C．cout << word

    D．cin >> word

（2）以下代码可以输出"杨梅和葡萄真好吃！"。（   ）√   （   ）×

代码

```cpp
#include <iostream>
#include <string>
using namespace std;

int main(){

    string waxberry,grape;

    cout << "输入你喜欢吃的水果。" << endl;
    cin >> waxberry;
    cout << "还有其他水果吗？" << endl;
    cin >> grape;
    cout << waxberry + "和grape真好吃！";

    return 0;
}
```

（3）脑洞大开，制作一段有趣的问答程序。

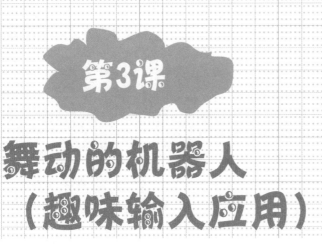

第3课

舞动的机器人
（趣味输入应用）

在学习了如何使用输出cout和输入cin之后，我已经迫不及待地想应用它们来做一些事情了。既然我已经能够输出图案，那是不是就能捣鼓个动画呢？在思考中探索新知识，在项目应用中掌握新技能，才是编程学习的正确打开方式。

学习编程最关键的不是知识本身，而是我们如何运用知识去思考和创建项目，如何发现新问题，以及如何探索未知领域。因此，无论所掌握的知识量有多少，只要你敢于思考和实践，就会有无限的可能性。同时，在思考和实践的过程中，我们会接触新的知识，并通过实践应用去掌握它们。

▼ **舞动的机器人**

我们一起运用*号来拼装一个机器人造型吧！

当然你也可以运用其他符号，按照自己的想法设计一个机器人。

```
1    #include <iostream>
2    using namespace std;
3
4    int main(){
5
6        cout << "     *****" << endl;
7        cout << "     *****" << endl;
8        cout << "     *****" << endl;
9        cout << "       *" << endl;
10       cout << "       *" << endl;
11       cout << "***** * *****" << endl;
12       cout << "       *" << endl;
13       cout << "       *" << endl;
14       cout << "      * *" << endl;
15       cout << "     *   *" << endl;
16       cout << "    *     *" << endl;
17       cout << "   *       *" << endl;
18
19       return 0;
20   }
```

机器人的第一个造型出炉了。

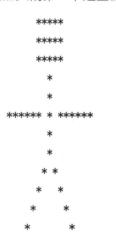

继续设计机器人的第二个造型。

代码
```
cout << "    *         *" << endl;
    （将机器人的第二个造型输出程序写在这中间。）
return 0;
```

代码
```
19      cout << "*     *****      *" << endl;
20      cout << " *    *****    *" << endl;
21      cout << "  *   *****   *" << endl;
22      cout << "   *   *   *" << endl;
23      cout << "    *   *   *" << endl;
24      cout << "     *   *   *" << endl;
25      cout << "        *" << endl;
26      cout << "        *" << endl;
27      cout << "    *        *" << endl;
28      cout << "   *        *" << endl;
29      cout << "  *           *" << endl;
30      cout << " *             *" << endl;
```

第二个造型也设计好了。

```
  *     *****      *
   *    *****    *
    *   *****   *
     *   *   *
      *   *   *
       *   *   *
          *
          *
       *        *
        *       *
         *      *
          *     *
```

编译运行程序，两个机器人造型都
出现了。

▶ 提出思考

机器人造型输出已经完成了，怎么让图案动起来呢？

这需要屏幕上先显示机器人的第一个造型，然后过渡到机器人的第二个造型，接着再切换回机器人的第一个造型，不断地重复这个过程。

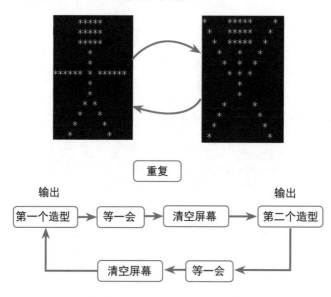

代码

```
1  #include <iostream>
2  #include <windows.h>
3  using namespace std;
4
5  int main(){
6
7      while (true){
8
9          cout << "     *****" << endl;
10         cout << "     *****" << endl;
11         cout << "     *****" << endl;
12         cout << "        *" << endl;
13         cout << "        *" << endl;
14         cout << "***** * *****" << endl;
15         cout << "        *" << endl;
16         cout << "        *" << endl;
```

代码

```cpp
17        cout << "      * *" << endl;
18        cout << "     *   *" << endl;
19        cout << "    *      *" << endl;
20        cout << "   *        *" << endl;
21
22        Sleep(100);
23        system("cls");
24
25        cout << "*     *****    *" << endl;
26        cout << " *    *****   *" << endl;
27        cout << "  *   *****  *" << endl;
28        cout << "   *   *   *" << endl;
29        cout << "    *  *  *" << endl;
30        cout << "     * * *" << endl;
31        cout << "        *" << endl;
32        cout << "        *" << endl;
33        cout << "     *  *" << endl;
34        cout << "    *    *" << endl;
35        cout << "   *      *" << endl;
36        cout << "  *        *" << endl;
37
38        Sleep(100);
39        system("cls");
40    }
41    return 0;
42 }
```

翻译助力理解

● sleep：睡觉、休眠。

● system：系统。

● while：当……的时候。

● true：真的。

（1）#include <windows.h>：windows.h文件中包含了许多用来操作Windows操作系统的指令和信息，我们将它包含进来是为了能够使用Sleep()函数。

（2）Sleep(100)：让输出的画面停留一会，再切换到下一个画面。尝试修改数值100去体会时间长短的变化。

划重点

Sleep()是一个函数，（）里面的数字是它的一个参数，为int类型，表示要暂停的毫秒数。1000毫秒=1秒。

Sleep(100)表示让程序等待了0.1秒。如果你学过Scratch，那么看看Sleep()和**等待0.1秒**积木块是不是有点类似。

▼ 联想对比学习

注意

S要大写哟！C++严格区分字母的大小写，同一个字母大写和小写表示的可不是同一个东西。

（3）system("cls")：它在Windows操作系统中比较常见，用于清除当前控制台窗口中的内容，使屏幕变成空白。

▼ 模块学习法

在这个程序中，system("cls")清除屏幕的效果似乎并不明显。结合学到的知识，将这个函数剥离出来，单独编写一个程序来体验一下它的效果。

代码

```
1  #include <iostream>
2  using namespace std;
3
4  int main(){
5
6      cout << "我说一句话，不知道会不会被清除。"<< endl;
7      system("cls");
8      cout << "清除成功！" << endl;
9      return 0;
10 }
```

运行程序后，你会发现"我说一句话，不知道会不会被清除。"只是一闪而过，因为它被清除了，最后留下了"清除成功！"。

- 程序首先执行cout << "我说一句话，不知道会不会被清除。"<< endl，输出了我说一句话，不知道会不会被清除。
- 然后执行system("cls")，屏幕上面的内容被清除了，什么都没有留下。
- 最后执行cout <<"清除成功！"<< endl，输出了清除成功！。

你发现了吗，程序代码是按照顺序执行的。

（4）为了让动画效果可以持续，使用while (true){ }循环语句，"装"在{ }内的程序语句会重复执行。

▼ 联想对比学习

while (true){ }相当于**重复执行**积木块，while(true)代表重复执行，{ }如同积木块的大嘴巴，被装进去的程序语句会重复执行。

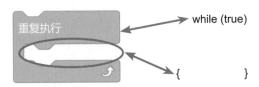

▼ 射出心中的箭

学习一定要找准目标，如同射箭一定要瞄准靶心。朝着一个目标前行，学习才能更有动力。

一起朝着目标射出我们心中的箭吧！

```
代码  cout << "      **"<< endl;
      cout << "      ***"<< endl;
      cout << "      ****"<< endl;
      cout << "      **  **"<< endl;
      cout << "      **    **"<< endl;
      cout << "      **     **"<< endl;
      cout << "      **    **"<< endl;
      cout << "      ********************"<< endl;
      cout << "      **    **"<< endl;
      cout << "      **     **"<< endl;
      cout << "      **    **"<< endl;
      cout << "      **  **"<< endl;
      cout << "      ****"<< endl;
      cout << "      ***"<< endl;
      cout << "      **"<< endl;
```

自己设计拉弓和射出的动画效果。

▶巩固练习

（1）cout >> "******">> endl这段代码可以在屏幕中输出什么？（   ）

　　A. ******　　　B. *******　　C. 空白　　D. 程序报错

（2）找出程序中的错误并改正。

```
1   #include <iostream>
2   #include <windows.h>
3   using namespace std;
4
5   int main(){
6
7       while (true){
8
9           cout << "      *" << endl;
10          cout << "      * *" << endl;
11          cout << "     *   *" << endl;
12          cout << "    *     *" << endl;
13          cout << "   * * * *" << endl;
14          cout << " *         *" << endl;
15          cout << "*           *" << endl;
16
17          sleep(1000);
18          system("cls");
19
20          cout << "这是字母A！" << endl;
21
22          sleep(1000);
23          system("cls");
24      }
25      return 0;
26  }
```

（3）在C++中，**string a;** 和 **string A;** 是否声明了同一个变量。（   ）√（   ）×

（4）用符号设计一个大写字母和对应的小写字母，并进行动画切换。

很多程序问题，其最简单的解答方法就是编写后运行一下，通过结果来判断。

第4课

一桩大买卖（运算符、变量）

凭借高超的口算能力，我经营了一家牛奶店。无论多少瓶牛奶我都可以快速地计算出总金额。一瓶牛奶5元，两瓶10元，三瓶15元，十瓶50元，这就是乘法的力量。

这牛奶真不错，支持一下你的生意，给我来165瓶牛奶，算一算多少钱？

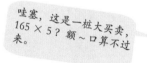

哇塞，这是一桩大买卖，165×5？额～口算不过来。

当小生意遇到大买卖的时候，还是需要一个计算工具。都说计算机有着超强的计算能力，怎么说我也是学习了C++编程的人，怎么能让计算难住我呢。

▼ 一个懂C++的小老板

165瓶牛奶的总金额是……容我敲一敲代码。

```
1    #include <iostream>
2    using namespace std;
3
4    int main(){
5        cout << "我是一个懂C++的小老板！" << endl;
6        cout << 165 * 5 << endl;
7        return 0;
8    }
```

计算结果出来了：825。

cout << 165 * 5 << endl将165瓶牛奶总金额
打印出来，165 * 5用于完成165乘以5的计算。

165 * 5 就是 165 × 5
这个还挺好理解的。

 敲黑板

在编程中，加号、减号和数学中的一样，但
乘号用*表示，除号用/表示。

+ → +

− → −

× → *

÷ → /

学习好方法——敲代码后运行看结果。

```cpp
1  #include <iostream>
2  using namespace std;
3
4  int main(){
5      cout << "体验加减乘除" << endl;
6      cout << 2000 + 23 << endl;
7      cout << 12 - 10 << endl;
8      cout << 30 * 12 << endl;
9      cout << 165 / 5 << endl;
10     return 0;
11 }
```

▶ 提出思考

"我是一个懂C++的小老板！"有双引号，而165 * 5没有双引号，这是为什么呢？
因为它们分别代表了C++两种不同的数据类型。

" "是字符串类型标识，其中存放的是字符串，这些内容会被原样输出。

165是数字，是整数类型（int类型），直接输入165 * 5，输出的将是它们的计算结果。

对比"165 * 5"与165 * 5。

```cpp
1  #include <iostream>
2  using namespace std;
3
4  int main(){
5      cout << "字符串与数字的对比" << endl;
6      cout << "165 * 5" << endl;
7      cout << 165 * 5 << endl;
8      return 0;
9  }
```

"165 * 5"是字符串，输出后还是165 * 5。

165 * 5是运算式，输出的是计算的结果825。

▶ 提出思考

" "是字符串类型标识，可以将其中的内容原样输出。然而，在输出 " 符号时会导致错误，那该怎么解决呢？

" "告诉计算机这是一个字符串，但怎么让计算机知道这个引号不是字符串标识，而是需要输出的引号呢？如果你是设计师，你会如何设计？

发明者设计了一个转义符\，在引号前加上它，告诉计算机这不是字符串标识而是引号。

```cpp
1  #include <iostream>
2  using namespace std;
3
4  int main(){
5      cout << "\"" << endl;
6      return 0;
7  }
```

通过转义符\"，引号可以正常输出了。

```
■ D:\文件\book\自己写的书\清华大学出版社\小学生C++创意编程\第4课\case\输出引号.exe        —    □    ×

"

--------------------------------
Process exited after 0.4489 seconds with return value 0
请按任意键继续. . . ■
```

▼ 研发收银计算器

运用学过的知识，将商品单价和数量作为输入项传入程序，这样一个简易的收银计算器就制作成功了，后面计算就能解放大脑了。

```cpp
1   #include <iostream>
2   using namespace std;
3
4   int main(){
5       int price,count;
6       cout << "请输入商品单价？" << endl;
7       cin >> price;
8       cout << "请输入购买数量？" << endl;
9       cin >> count;
10      cout << "商品总金额是：" << endl;
11      cout << price * count;
12      return 0;
13  }
```

（1）int price,count;：声明两个整数变量price和count。

 划重点

声明变量的语法：**数据类型 变量名称**

当有多个变量名的时候，彼此之间用 , 隔开。

 敲黑板

price和count都是变量名，变量名要遵循它的命名规则，即要合法。

● 合法的标识符：变量名称必须由字母、数字和下画线组成，而且以字母或下画线开头，字母区分大小写。

Age √

_name √

1one ×（数字不能作为变量名的开头）

Age 和 age 是两个不同的变量名。

● 不能使用关键字：不能使用C++中的关键字（保留字）作为变量名，关键字在编程语言中具有特殊的含义。C++中的关键字有int、while、true、return等。

● 不能有空格和特殊字符：变量名不能含有空格、标点符号或其他特殊字符，只能使用字母、数字和下画线。

Yes?No ×（特殊字符"？"不能用作变量名）

● 名称要有意义：变量名应该有意义，能够清晰地描述变量的含义，便于他人读懂你的代码，也使得代码更易于维护。

（2）cin >> price：将第一个输入的数值赋值给变量price，cin >> count将第二个输入的数值赋值给变量count。

（3）cout << price * count：输出两个数值的乘积。

▶ 巩固练习

（1）下列变量名中合法的是（　　）。

    A．return   B．age_name   C．1One   D．num?

（2）找出程序中的错误并改正。

```
1   #include <iostream>
2   using namespace std;
3
4   int main(){
5       cout << 55\5 << endl;
6       return 0;
7   }
```

（3）阅读下面的程序，写出该程序的运行结果。

```
1   #include <iostream>
2   using namespace std;
3
4   int main(){
5
6       int age1, age2;
7       age1 = 32;
8       age2 = 3;
9       cout << age1 << endl;
10      cout << age2 << endl;
11      cout << age1 - age2 << endl;
12
13      return 0;
14  }
```

（4）编写计算长方形面积的程序，要求输入长方形的长和宽后，程序自动输出长方形的面积。

▶ 探索思考

在编程中，四则运算是按照从左到右的顺序计算的，还是同样遵循数学上的先乘除后加减呢？

```cpp
1   #include <iostream>
2   using namespace std;
3
4   int main(){
5       cout << 1 + 2 * 3 << endl;
6       cout << 10 - 2 * 3 << endl;
7       cout << 2 * 3 + 6 << endl;
8       cout << 8 + 6 / 2 << endl;
9       return 0;
10  }
```

程序运行结果：

7

4

12

11

是先乘除后加减。

先猜想，再设计程序去验证！

第5课

这面积总缺那么一点
（浮点数数据类型）

掌握计算后，我设计了计算三角形和梯形面积的程序，但是发现面积的计算结果总是会少了那么一点。

为什么面积总会缺一点呢？想要解决这个问题需要先编写出计算三角形和梯形面积的程序。

> 面积去哪了？这让我百思不得其解。

▶ **温故知新**

（1）三角形面积 = 底 × 高 ÷ 2。

```
1    #include <iostream>
2    using namespace std;
3
4    int main(){
5
6        int length,height,area;
7        cout << "请输入三角形的底边长？" << endl;
8        cin >> length;
9        cout << "请输入三角形的高？" << endl;
10       cin >> height;
11       cout << "三角形的面积是：" << endl;
12       area = length * height / 2;
13       cout << area << endl;
14
15       return 0;
16   }
```

运行程序：

请输入三角形的底边长？

7

请输入三角形的高？

5

三角形的面积是：

17

面积少了 0.5。

实际上，三角形的面积是17.5。

（2）梯形面积 =（上底 + 下底）× 高 ÷ 2。

```cpp
1    #include <iostream>
2    using namespace std;
3
4    int main() {
5
6        int upperSole, bottom, height, area;
7        cout << "请输入梯形的上底？" << endl;
8        cin >> upperSole;
9        cout << "请输入梯形的下底？" << endl;
10       cin >> bottom;
11       cout << "请输入梯形的高？" << endl;
12       cin >> height;
13       cout << "梯形的面积是：" << endl;
14       area = (upperSole + bottom) * height / 2;
15       cout << area << endl;
16
17       return 0;
18   }
```

运行程序：

请输入梯形的上底？

5

请输入梯形的下底？

8

请输入梯形的高？

3

梯形的面积是：

19

实际上，梯形面积是19.5。

area = (upperSole + bottom) * height / 2：程序计算也是先乘除后加减，遇到括号先计算括号里的内容。

▶ 提出思考

为什么这两次面积计算都少了0.5呢？遇到问题，不要急于翻书查找答案，探索和思考出答案的过程要比答案本身更重要。

（1）想一想，计算结果和什么有关？①存放数字的变量；②计算的式子。

（2）想一想，变量都是什么数据类型？

（3）看一看，计算式子有没有什么特别的？

▶ 探索思考

当我们遇到一个疑问的时候，要"上下求索"。从上寻求和这个问题有关联的部分，列出导致这样的结果的可能；向下探寻这个问题可能引出的变化，列出这些变化。然后逐一分析。

我发现最关键的可能是变量被声明为int类型，即声明的是整数类型，而缺少的部分都是小数部分。整数是不包含小数部分的，所以小数部分就出不来了。

float浮点数

把变量声明为float数据类型。

代码

```
1   #include <iostream>
2   using namespace std;
3
4   int main(){
5
6       float length,height,area;
7       cout << "请输入三角形的底边长？" << endl;
8       cin >> length;
9       cout << "请输入三角形的高？" << endl;
10      cin >> height;
11      cout << "三角形的面积是：" << endl;
12      area = length * height / 2;
13      cout << area << endl;
14
15      return 0;
16  }
```

运行程序：

请输入三角形的底边长？

7

请输入三角形的高？

5

三角形的面积是：

17.5

酷～运行结果有小数部分了。

float称为浮点数数据类型（单精度），用于存储实数值，即含有小数的值。如果你需要更高的精度，可以选择**double**数据类型，它被称为双精度浮点数。

翻译助力理解

- float：浮动的、漂浮。

- double：两倍的，双的。

area = length * height / 2：将计算length * height / 2，并将计算出的结果赋值给area。在编程中，该语句中的=被称为赋值操作，是先进行等号右边的计算，再将最终的结果赋值给等号左边的变量。注意，这里的=不是等于的含义。

敲黑板

特别注意没输出的小数部分。

```
1    #include <iostream>
2    using namespace std;
3
4    int main() {
5
6        float num;
7        num = 3/2;
8        cout << num << endl;
9
10       return 0;
11   }
```

输出结果竟然是**1**。

虽然已经将**num**定义为浮点数，但在**3/2**的计算过程中，由于3和2都是整数，计算仍然是按照整数类型的方式进行，直到计算出结果**1**后才将它赋值给浮点数类型的变量**num**。

想要解决这个问题，需要在计算的过程中引入浮点数，让计算机按照浮点数来计算。

稍作改变，改为**num = 3/2.0;**，试试看吧。

▼ **降价促销**

双十一到了，之前5元一瓶的牛奶迎来了大促销，现在4.8元一瓶，并且还买一送一，请问买32瓶需要多少钱？

```
1    #include <iostream>
2    using namespace std;
3
4    int main() {
5
6        float totalPrice;
7        totalPrice = 4.8 / 2 * 32;
8        cout << totalPrice;
9
10       return 0;
11   }
```

▶ 巩固练习

（1）想要声明一个变量存放数值3.14，以下哪句代码可以做到？（ ）

    A．float π   B．int π   C．float num   D．float 1num

（2）float被称为有小数部分数值的双精度浮点数。（ ）√（ ）×

（3）写出下面程序的运行结果。

```cpp
1   #include <iostream>
2   using namespace std;
3
4   int main(){
5
6       float num1,num2;
7       num1 = 5*(2+3)/3.0;
8       cout << num1 << endl;
9       num2 = (18-3*3)*5/2;
10      cout << num2 << endl;
11
12      return 0;
13  }
```

▶ 探索思考

既然float可以保留数值的小数部分，而double数据类型的精度比float数据类型的精度还要高，那为什么每次声明变量的时候不都声明成double，这样不就可以避免一些小数的计算问题了吗？

对呀，超级棒的问题，这是为什么呢？

计算机好比一个超级大的储存盒子，想像一下往盒子里放入3.14159265359和放3.14所需要的空间大小会一样大吗？

如果往盒子里放东西时没有做规划的话，就可能导致放不下或只能裁剪后再放入。

于是发明者就想到了**声明**，即每放入一个东西就要空出一块专门的位置，就像一个小盒子。但是每个小盒子要多大呢？这就取决于数据类型了。如果是int数据类型，就空出一个小点的盒子，如果是double数据类型，就空出一个大盒子。这样就可以充分利用空间，而且也不会造成空间的浪费。

第6课

睡不着就数羊（计数）

　　睡不着的时候总喜欢数羊，一只羊、两只羊、三只羊……十只羊……一百只羊……一千只羊……一万只羊，后面开始跳着数量级数，十万只羊，一百万只羊……一亿只羊……亿后面的是什么数量级来着？

　　一查阅原来是"兆"，此时公鸡打鸣，天亮了。

哈哈哈，这哪是数羊助睡眠，这是数羊等天明。

▼ 数羊程序

数羊的过程，就是不断做加1运算的过程。

```
1    #include <iostream>
2    using namespace std;
3
4    int main(){
5
6        int count=0;
7
8        count = count + 1;
9        cout << count << "只羊" << endl;
10
11       count = count + 1;
12       cout << count << "只羊" << endl;
13
14       count = count + 1;
```

```
代码  15        cout << count << "只羊" << endl;
      16
      17        return 0;
      18    }
```

运行程序：

1只羊

2只羊

3只羊

...

（1）int count=0：声明整型变量count，并给它赋初始值0，我们数羊从0开始。

（2）count = count + 1：针对这句代码，需要细细拆解，这里的两个count有点不同。

● 首先程序按照顺序执行int count=0，此时count的值为0。

● 然后程序执行count = count + 1，先执行右边count + 1，这个时候count的值为0，那么0+1结果是1。

● 最后程序执行count = count + 1的赋值部分count =1，这个时候count的值为1。

 敲黑板

count = count + 1 ⟶ count = 0 + 1

count = 1

（3）将4句赋值运算代码整体分析一番，注意观察变量值对应的变化。

count = count + 1

count每次计算+1后，又赋值给了自己，所以count不断地增加1。

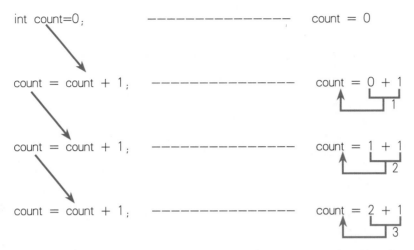

（4）cout << count << "只羊" << endl：可以将要输出的内容通过<<连接起来，还不用担心不同的数据类型呢。

▼ 计数器

嵌套上while (true) { }，通过Sleep(1000)和system("cls")函数实现计数器。每一秒跳一个数字。

```
1   #include <iostream>
2   #include <windows.h>
3   using namespace std;
4
5   int main(){
6
7       int i = 0;
8       while (true){
9           cout << i << endl;
10          i = i + 1;
11          Sleep(1000);
12          system("cls");
13      }
14
15      return 0;
16  }
```

划重点

int i = 0需要放在循环的外面，否则每次循环都会将0赋值给i，这样输出就全是0了。

自增的变形

i = i + 1还可以写成i++。自增有两种写法：++可以写在变量i的后面，例如i++；也可以写在变量i的前面，例如++i。

▶ **提出思考**

那么这两种写法有什么不同吗？

如何探寻i++和++i的区别呢？

在程序中分别运用这两种方式，观察程序的运行结果。

```cpp
1   #include <iostream>
2   using namespace std;
3
4   int main(){
5
6       int i, j;
7
8       i = 0;
9       i++;
10      cout << i << endl;
11
12      j = 0;
13      ++j;
14      cout << j << endl;
15
16      return 0;
17   }
```

输出结果：

1
1

输出的都1，似乎没有什么区别呢。**无论是i++还是++j，i和j都实现了自增1。**

想要探寻其中的不同，需要换种方式。结合之前说到的计算和赋值先后的问题，进行一番设计。

```
1    #include <iostream>
2    using namespace std;
3
4    int main() {
5
6        int i,j,n,m;
7
8        i = 0;
9        n = i++;
10       cout << "i:" << i << endl;
11       cout << "n:" << n << endl;
12
13       j = 0;
14       m = ++j;
15       cout << "j:" << j << endl;
16       cout << "m:" << m << endl;
17
18       return 0;
19   }
```

奇怪的事情发生了，运行结果竟然是：

i:1
n:0
j:1
m:1

i、j、m都加1了，n竟然没有加1，这是为什么呢？接下来要敲黑板了！

　敲黑板

i++和++i的区别：

i++
i = 0;
n = i++;

运行结果是：

i:1
n:0

说明i进行了自增，但是n并没有得到i自增后的结果。

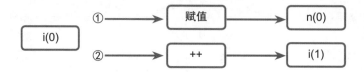

++i
j = 0;
m = ++j;

运行结果是：

j:1

m:1

说明j进行了自增，自增后将值赋给了m。

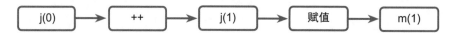

++在变量前，就先自增再赋值：　　　　　　　++在变量后，就先赋值再自增：

②赋值
m = ++j
①

①赋值
n = i++
②

▼ 三二一倒计时

探索学习i−−和−−i。采用i++和++i的学习方法，进行对比学习，将+换成−，换汤不换药。

好记呢，++在前先计算++。

```
1   #include <iostream>
2   #include <windows.h>
3   using namespace std;
4
5   int main(){
6
7       int i = 3;
8
9       cout << "倒计时 " << i << " 秒" << endl;
10      i--;
```

代码

```
11        Sleep(1000);
12        system("cls");
13
14        cout << "倒计时 " << i << " 秒" << endl;
15        i--;
16        Sleep(1000);
17        system("cls");
18
19        cout << "倒计时 " << i << " 秒" << endl;
20        i--;
21        Sleep(1000);
22        system("cls");
23
24        cout << "时间到！" << endl;
25
26        return 0;
27    }
```

▶ 巩固练习

（1）n = 10; m = n--; m = --n;最终输出的m值是多少？（   ）

　　A. 10　　　　　B. 9　　　　　C. 8　　　　　D. 7

（2）i = 10; n = i++;和j = 11; m = --j;,最终n和m的值相等。（   ）✓（   ）✗

（3）下面的程序一共输出了4次num，写出每次输出时的num值。

代码

```
1    #include <iostream>
2    using namespace std;
3
4    int main(){
5
6        int num,i;
7        i = 0;
8        num = i++;
9        cout << "num: " << num << endl;
10
```

```
代码  11        num = i + 2;
      12        cout << "num: " << num << endl;
      13
      14        num = --i;
      15        cout << "num: " << num << endl;
      16
      17        num = ++i;
      18        cout << "num: " << num << endl;
      19
      20        return 0;
      21   }
```

①num：_____

②num：_____

③num：_____

④num：_____

（4）编写一个循环程序，数字从0开始，按从小到大的顺序，每隔一秒输出一个偶数。

第7课

星号金字塔（双变量累加）

有这样一座星号金字塔，每一层都由奇数个星号组成。第一层1个，第二层3个，第三层5个，以此类推。

```
    *
   ***
  *****
 *******
*********
```

现在我们需要计算出这个星号金字塔一共有多少个星号，试着编写程序来完成吧！

▶ **温故知新**

列等式计算。

```
1    #include<iostream>
2    using namespace std;
3
4    int main(){
5
6        cout << "1+3+5+7+9=" << 1+3+5+7+9 << endl;
7
8        return 0;
9    }
```

（1）"1+3+5+7+9="：这是字符串，列了一个字符串等式。

（2）1+3+5+7+9：这是进行5个数字的加法运算。

（3）多个<<将内容拼接输出。

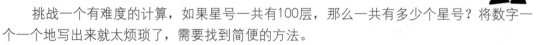

这几个星号，看一眼就知道答案了。

▼ 累加求和

挑战一个有难度的计算，如果星号一共有100层，那么一共有多少个星号？将数字一个一个地写出来就太烦琐了，需要找到简便的方法。

之前计数的时候是每次加1，现在的求和是+1、+3、+5、+7、+9…每次加的数字都不同。

```cpp
1    #include<iostream>
2    using namespace std;
3
4    int main(){
5
6        int sum;
7        sum = 0;
8
9        sum = sum + 1;
10       sum = sum + 3;
11       sum = sum + 5;
12       sum = sum + 7;
13       sum = sum + 9;
14
15       cout << "星号总数量是: " << sum << endl;
16
17       return 0;
18   }
```

（1）sum = 0：声明了一个变量sum，用它来存储星号的总数，计算前初始值是0。

（2）将每层的星号数量加起来：

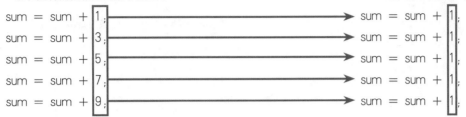

求和是将需要相加的数字加起来

sum = sum + 1;
sum = sum + 3;
sum = sum + 5;
sum = sum + 7;
sum = sum + 9;

计数每次加的都是 1

sum = sum + 1;
sum = sum + 1;
sum = sum + 1;
sum = sum + 1;
sum = sum + 1;

划重点

观察sum的变化，每行代码执行后，**sum**值都发生了变化。

sum = 0;

sum = sum + 1;　等式右边 sum 值是 0，计算赋值后等式左边 sum 值是 1

sum = sum + 3;　等式右边 sum 值是 1，计算赋值后等式左边 sum 值是 4

sum = sum + 5;　等式右边 sum 值是 4，计算赋值后等式左边 sum 值是 9

sum = sum + 7;　等式右边 sum 值是 9，计算赋值后等式左边 sum 值是 16

sum = sum + 9;　等式右边 sum 值是 16，计算赋值后等式左边 sum 值是 25

sum ← 0

sum ← 0 + 1;

sum ← 1 + 3;

sum ← 4 + 5;

sum ← 9 + 7;

sum ← 16 + 9;

双变量

把后面加的数字1、3、5、7、9换成变量**i**的话，**sum = sum + i**的意思就是把原来**sum**的值加上**i**的值，再赋值给**sum**得到一个新的值。如果**sum**从0开始，就相当于把所有的**i**都加起来了，**sum**就是所有**i**的总和。

再感受一番累加，从0开始+1、+3、+5、+7、+9。

sum = 0
sum = sum + 1;　　　　0 + 1 = 1 （完成加1）
sum = sum + 3;　　　　1 + 3 = 4（计算的结果继续加3）
sum = sum + 5;　　　　4 + 5 = 9（计算的结果继续加5）
sum = sum + 7;　　　　9 + 7 = 16（计算的结果继续加7）
sum = sum + 9;　　　　16 + 9 = 25（计算的结果继续加9）

星号的数量统计，不仅**sum**有规律，后面增加的数字也有规律，它们都是依次增加的奇数。尝试将后面的加数也用一个变量来替代。

将数字换成变量 i，其中 i 每次运算都增加 2

```
sum = 0;                        i = 1;
sum = sum + i(1);               i = 1;
sum = sum + i(3);               i = i + 2 = 1 + 2 = 3;
sum = sum + i(5);    ———→       i = i + 2 = 3 + 2 = 5;
sum = sum + i(7);               i = i + 2 = 5 + 2 = 7;
sum = sum + i(9);               i = i + 2 = 7 + 2 = 9;
```

每次累加后，i 都增加 2，将 i = i + 2 写入程序。

代码

```
1    #include<iostream>
2    using namespace std;
3
4    int main(){
5
6        int sum, i;
7        sum = 0;
8        i = 1;
9
10       sum = sum + i;
11       i = i + 2;
12
13       sum = sum + i;
14       i = i + 2;
15
16       sum = sum + i;
17       i = i + 2;
18
19       sum = sum + i;
20       i = i + 2;
21
22       sum = sum + i;
23
24       cout << "星号总数量是: " << sum << endl;
25
26       return 0;
27   }
```

最后一次累加结束，i 加 2 还是不加 2，都不会改变 sum 的值了。

▶巩固练习

（1）以下哪个式子的计算结果和程序输出结果相等？（　　）

```
1    #include<iostream>
2    using namespace std;
3    int main(){
4
5        int sum, i;
6        sum = 0;
7        i = 1;
8
9        sum = sum + i;
10       i = i + 3;
11       sum = sum + i;
12       i = i + 6;
13       sum = sum + i;
14       i = i + 9;
15       cout << sum << endl;
16
17       return 0;
18   }
```

A. 0 + 1 + 3 + 6 + 9 =　　　　B. 0 + 4 + 10 + 19 =

C. 0 + 1 + 4 + 10 + 19 =　　　D. 0 + 1 + 4 + 10 =

（2）星号塔每层都有偶数个星号，第一层2个，第二层4个，第三个6个，第四层8个，第五层10个。同样使用之前的程序代码计算总星号数，但是程序有些小问题，需要你来修改一下。

```
1   #include<iostream>
2   using namespace std;
3   int main(){
4       int sum,i;
5       sum = 0;
6       i = 1;
7       sum = sum + i;
8       i = i + 2;
9       sum = sum + i;
10      i = i + 2;
11      sum = sum + i;
12      i = i + 2;
13      sum = sum + i;
14      i = i + 2;
15      sum = sum + i;
16      cout << "星号总数量是: " << sum << endl;
17      return 0;
18  }
```

（3）运用双变量累加的方式，求1+2+3+4+5+6+7+8+9+10的运算结果。

▶ 探索思考

100层星塔中星号的总数还没有计算出来，留给你探索一番。这里需要用到循环，试着运用我们之前学习的while (true) { }来完成吧!

不要觉得知识不够用，要思考如何运用现有知识去解决，因为知识是学不完的，我们要提升思考能力来解决问题。

可怕的核废水（半衰与阶乘）

核废水排入大海之所以可怕，主要是因为它包含有毒的放射性物质，这些辐射会对生态环境和海洋生物造成严重危害，同时威胁到人类健康。

其中氚就是一种有毒的放射性物质，每经历一个半衰期，氚的数量会减少一半。假设：氚的半衰期是12.32年，现在有128万亿个氚原子，经过36.96年，还剩多少氚原子？

▶ **思考分析**

半衰期是12.32年，经过36.96年相当于经过了3个半衰期。每个半衰期放射性原子数量减少一半，经过一次半衰期后，氚原子数量=128万亿÷2，两次半衰期氚原子数量=128万亿÷2÷2，三次半衰期氚原子数量=128万亿÷2÷2÷2。

▼ **放射性的半衰期**

经历3次半衰期后，氚原子数量减半、减半，再减半。

```
1    #include <iostream>
2    using namespace std;
3
4    int main() {
5
6        int count = 128;
7
8        count = count / 2;
9        count = count / 2;
```

```
代码  10        count = count / 2;
      11
      12        cout << "经过36.96年，氚原子还剩：" << count << "万亿个。" << endl;
      13
      14        return 0;
      15    }
```

运行程序：

经过36.93年，氚原子还剩：16万亿个。

count = count /2：表示将氚原子数量除以2的结果赋值给count。每行代码计算出每次半衰后剩余的氚原子数量。

 敲黑板

图解变量count的数值变化。

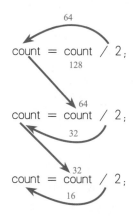

▼ **10的阶乘**

阶乘是一个数学概念，用于表示一个正整数与小于它的所有正整数的乘积。阶乘通常用符号"!"表示。

比如：10的阶乘表示为10!

$10! = 10 \times 9 \times 8 \times 7 \times 6 \times 5 \times 4 \times 3 \times 2 \times 1$

现在我们需要计算10!的值。

```
1    #include <iostream>
2    using namespace std;
3
4    int main(){
5
6        int factorial, i;
7
8        factorial = 1;
9        i = 1;
10
11       factorial *= i;
12       i++;
13       factorial *= i;
14       i++;
15       factorial *= i;
16       i++;
17       factorial *= i;
18       i++;
19       factorial *= i;
20       i++;
21       factorial *= i;
22       i++;
23       factorial *= i;
24       i++;
25       factorial *= i;
26       i++;
27       factorial *= i;
28       i++;
29       factorial *= i;
30
31       cout << "10! = " << factorial <<endl;
32
33       return 0;
34   }
```

运行结果：

```
D:\文件\book\自己写的书\清华大学出版社\小学生C++创意编程\第8课\case\10的阶乘.exe    □    ×
10! = 3628800
--------------------------------
Process exited after 2.005 seconds with return value 0
请按任意键继续. . .
```

（1）factorial = 1：因为是乘法运算，所以初始值不能设为0，不然每次乘积都是0了。

（2）factorial *= i：这句代码等同于factorial = factorial * i。=前面加上*运算符组合成*=复合赋值运算符。

*=、+=、−=、/=都是复合赋值运算符，用于将右侧的值与左侧的变量进行运算，并将结果赋值给左侧的变量。

factorial *= i这个操作相当于先执行乘法运算，然后将结果赋值给变量factorial。

 划重点

新写法：

num = num * count ⟷ num *= count

num = num + count ⟷ num += count

num = num − count ⟷ num −= count

num = num / count ⟷ num /= count   （注意：count不能为0）

▼ **细菌分裂**

假设A细菌进入人体后快速分裂，每隔2分钟一个细菌就会分裂成两个细菌。如果有1个细菌入侵人体，经过5分钟后会有多少个细菌？

（1）计算出经过5分钟后有多少次细菌分裂，5分钟 = 5 / 2 = 2次分裂。

剩余的一分钟还没有分裂，所以只分裂了两次。

（2）最初细菌数量是1个，int count = 1。

经过1次分裂后，细菌数量 = 最初细菌数量 × 2，count *= 2。

经过2次分裂后，细菌数量 = 1次分裂后细菌数量 × 2，count *= 2。

```
代码  1   #include <iostream>
      2   using namespace std;
      3
      4   int main(){
      5
      6       int count=1;
      7       count *= 2;
      8       count *= 2;
      9       cout << "经过5分钟后会有 " << count << " 个细菌细胞。"<<endl;
     10
     11       return 0;
     12   }
```

▶ 巩固练习

（1）num \=i和num = num \ i是同一个意思。（　）√（　）×

（2）阅读程序，请问最后输出的 i 值是多少？

```
代码  1   #include <iostream>
      2   using namespace std;
      3
      4   int main(){
      5
      6       int i=2;
      7       i += i;
      8       i *= i;
      9       cout << i <<endl;
     10
     11       return 0;
     12   }
```

（3）有一根100厘米长的绳子，每过一分钟对折后剪断，请问3分钟后，绳子长度是多少？

为了解答这个问题，写了一个小程序，但是一不小心删除了部分代码，你能补上吗？

```
 1   #include <iostream>
 2   using namespace std;
 3
 4   int main(){
 5
 6       _____
 7       length /= 2;
 8       _____
 9       length /= 2;
10       cout << length <<endl;
11
12       _____
13   }
```

最后绳子的长度不一定是整数!

第9课

陈醋和酱油不能混为一瓶（变量值的互换）

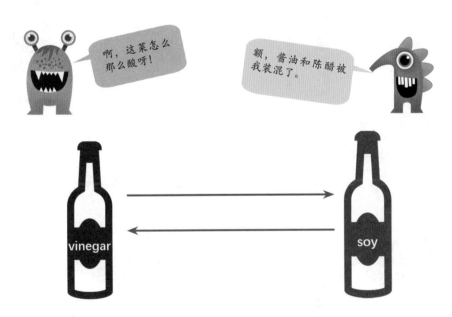

vinegar瓶子里装了酱油　　　　　　soy瓶子里装了陈醋

翻译助力理解

- vinegar：陈醋。
- soy：酱油。

脑洞大开

现在怎样做才能将陈醋和酱油装回到正确的瓶子呢？

1．这样可行吗

（1）直接将酱油倒入soy瓶子中。

（2）再将陈醋倒入vinegar瓶子中。

啊，这不就成了酱油陈醋了吗，混在一起了。

2．借助一个空瓶子

（1）将酱油从vinegar瓶子倒入空瓶子empty中。

（2）将陈醋从soy瓶子倒入vinegar瓶子中。

（3）将酱油从空瓶子empty倒入soy瓶子中。

耶，这样就换过来了。

哈哈，记得要洗瓶子，不然串味了。

变量的交换

试着用程序实现"酱油"和"陈醋"的交换。

```cpp
1   #include <iostream>
2   #include <string>
3   using namespace std;
4
5   int main(){
6
7       string vinegar,soy,empty;
8
9       vinegar = "酱油";
10      soy = "陈醋";
11
12      cout << "vinegar的值是: " << vinegar << endl;
13      cout << "soy的值是: " << soy << endl;
14
15      empty = vinegar;
16      vinegar = soy;
17      soy = empty;
18
19      cout << "交换以后" << endl;
20      cout << "vinegar的值是: " << vinegar << endl;
21      cout << "soy的值是: " << soy << endl;
22
```

```
23    return 0;
24 }
```

运行结果：

vinegar的值是：酱油

soy的值是：陈醋

交换以后

vinegar的值是：陈醋

soy的值是：酱油

变量中字符串的交换和实际瓶子中酱油、陈醋的交换逻辑是一样的。

（1）声明一个变量empty作为中间变量。

（2）将变量vinegar的值赋给中间变量empty，此时empty的值是"酱油"。

（3）再将变量soy的值赋给变量vinegar，此时vinegar的值是"陈醋"。

（4）最后将中间变量empty的值赋给变量soy，此时soy的值是"酱油"，完成了变量的互换。

 敲黑板

看似简单，稍不注意也容易写错顺序。

```
empty = vinegar;
vinegar = soy;
soy = empty;
```

记住一个口诀，这和上面倒酱油和陈醋的例子是一样的，**哪里空了，就往哪里倒。**

①empty空了，往它里面倒，vinegar和soy倒哪一个都可以。

②vinegar倒完，vinegar空了，于是往vinegar里倒。

③soy倒完也空了，再往soy里倒。

如果没有中间变量，会怎么样呢？

```
15  vinegar = soy;
16  soy = vinegar;
```

运行结果：

vinegar的值是：酱油

soy的值是：陈醋

交换以后

vinegar的值是：陈醋

soy的值是：陈醋

▶ 提出思考

为什么会这样呢？想要洞察结果，只需要跟着程序运行，跟踪变量值的变化就可以找到答案。

（1）

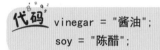

```
vinegar = "酱油";
soy = "陈醋";
```

一开始vinegar的值是"酱油"，soy的值是"陈醋"。

（2）执行vinegar = soy，vinegar的值变成了soy的值，也就是"陈醋"，此时vinegar的值不再是"酱油"而是"陈醋"。

再执行soy = vinegar，soy的值变成了vinegar的值，vinegar的值已经变成了"陈醋"，赋值后soy还是"陈醋"。

▼ 高矮排序

坐座位讲究矮坐前，高坐后。1号座位在前，2号座位在后，现在1号座位上坐了一位身高185cm的男士，2号座位上坐了一位身高165cm的女士，需要将他们重新排一排位置。

思考并编写程序，感受变量值互换的过程。

```cpp
1   #include <iostream>
2   #include <string>
3   using namespace std;
4
5   int main(){
6
7       int seatNum1,seatNum2,empty;
8
9       seatNum1 = 185;
10      seatNum2 = 165;
11
12      empty = seatNum1;
13      seatNum1 = seatNum2;
14      seatNum2 = empty;
```

```
代码  15
     16        cout << "交换以后" << endl;
     17        cout << "1号座位身高：" <<  seatNum1 << endl;
     18        cout << "2号座位身高：" <<  seatNum2 << endl;
     19
     20        return 0;
     21  }
```

运行结果：

交换以后
1号座位身高：165
2号座位身高：185

▶ 巩固练习

（1）调整下面的程序代码，实现数字a和b的交换。

```
代码  1    #include <iostream>
     2    #include <string>
     3    using namespace std;
     4
     5    int main(){
     6
     7        int a, b, c;
     8
     9        a = 2023;
     10       b = 8080;
     11
     12       c = b;
     13       a = c;
     14       b = a;
     15
     16       cout << a << "  " << b << endl;
     17
     18       return 0;
     19  }
```

（2）已知数字a=3、数字b=0、数字c=6、数字d=2，要将它们组合起来输出一个最大的4位数，请补充完整下面的程序。

```
代码  1   #include <iostream>
      2   using namespace std;
      3
      4   int main() {
      5
      6       int a,b,c,d;
      7
      8       a = 3;
      9       b = 0;
     10       c = 6;
     11       d = 2;
     12
     13       cout <<    <<    <<    <<    << endl;
     14
     15       return 0;
     16   }
```

（3）阅读下面的程序，添加几行代码，将8、0、5、2这4个数字组成最小的4位数并输出。

```
代码  1   #include <iostream>
      2   using namespace std;
      3
      4   int main() {
      5
      6       int a,b,c,d;
      7
      8       a = 8;
      9       b = 0;
     10       c = 5;
     11       d = 2;
     12
     13       cout << a << b << c << d << endl;
     14
     15       return 0;
     16   }
```

第10课

神秘的摩斯密码
(system()和Beep()函数)

还记得电影和电视剧中那滴滴的发报声吗？在一间小小的屋子里，电报员戴着耳机坐在电报机前，不停地敲着，发出"滴滴答答"的声音。

那时候情报的传递靠的就是摩斯密码，就算情报被敌方截取了，没有密码本也无法破译。

在摩斯密码中，**三短三长三短**代表求助信号SOS。例如眨眼睛：慢眨3下-快眨3下-慢眨3下。

▼ SOS的摩斯密码

运用程序输出三短三长三短的滴答声。

```
1    #include <iostream>
2    #include <Windows.h>
3    using namespace std;
4    int main(){
5
6        //设置控制台窗口的标题为 "SOS摩斯密码"
7        system("title SOS摩斯密码");
8
9        //调用系统蜂鸣器，第一个参数控制频率，第二个参数控制时长
10       Beep(1000,200);
11       Sleep(600);
12       Beep(1000,200);
```

代码

```
13      Sleep(600);
14      Beep(1000,200);
15      Sleep(600);
16
17      Beep(1000,600);
18      Sleep(600);
19      Beep(1000,600);
20      Sleep(600);
21      Beep(1000,600);
22      Sleep(600);
23
24      Beep(1000,200);
25      Sleep(600);
26      Beep(1000,200);
27      Sleep(600);
28      Beep(1000,200);
29      Sleep(600);
30
31      return 0;
32  }
```

打开电脑音响，运行程序，注意听一听声音是不是三短一三长一三短。

（1）system("title SOS摩斯密码")：设置控制台窗口的标题为"SOS摩斯密码"。

system()用于程序调用操作系统命令，控制台窗口标题设置方式是
system("title+空格+标题")。

（2）Beep(发声频率,发声时长)是Windows.h下的一个用于发声的函数。

```
Beep (1000, 200) ;
Sleep (600) ;
Beep (1000, 200) ;          三短
Sleep (600) ;
Beep (1000, 200) ;
Sleep (600) ;

Beep (1000, 600) ;
Sleep (600) ;
Beep (1000, 600) ;          三长
Sleep (600) ;
Beep (1000, 600) ;
Sleep (600) ;

Beep (1000, 200) ;
Sleep (600) ;
Beep (1000, 200) ;          三短
Sleep (600) ;
Beep (1000, 200) ;
Sleep (600) ;
```

（3）//是单行注释符，作用于一行内//之后的内容，标注为注释。注释的内容不会对程序运行产生影响。

划重点

问：写程序你最讨厌什么？
A程序员：最讨厌写注释。

问：你最讨厌别人写的程序缺少什么？
A程序员：程序缺少注释。

看似矛盾的话语，说明了注释的重要性。写注释不仅可以帮助伙伴理解代码，也能帮助自己记忆程序的功能。没有注释的程序，时间隔久了，可能自己也会不理解的。

敲黑板

注释除了//单行注释外，还有/* 这里就是注释的内容 */多行注释。

代码
```
1   #include <iostream>
2   #include <Windows.h>
3   using namespace std;
4   int main() {
5
6       /*
7       标题：蜂鸣声
8       Windows系统发出蜂鸣声
9       */
10      system("title 蜂鸣声");
11      Beep(1000, 200);
12
13      return 0;
14  }
```

▼ do re mi fa sol la si do

Beep( )可不是只能发出蜂鸣声，它还可以奏乐，调整频率试一试吧。

代码
```
1   #include <iostream>
2   #include <Windows.h>
3   using namespace std;
4   int main() {
5
6       //标题: do re mi fa sol la si
7       system("title do re mi fa sol la si");
8       Beep(523, 200);   //do音
9       Sleep(500);
10      Beep(578, 200);   //re音
11      Sleep(500);
12      Beep(659, 200);   //mi音
13      Sleep(500);
14      Beep(698, 200);   //fa音
15      Sleep(500);
16      Beep(784, 200);   //sol音
17      Sleep(500);
18      Beep(880, 200);   //la音
19      Sleep(500);
20      Beep(988, 200);   //si音
21      return 0;
22  }
```

以下是几个有趣的小程序，试试吧。

显示系统时间

```
1   #include <iostream>
2   using namespace std;
3   int main(){
4
5       /*
6       标题：显示时间
7       将系统的时间显示出来
8       */
9       system("time");
10
11      return 0;
12  }
```

打开网页

```
1   #include <iostream>
2   using namespace std;
3   int main(){
4
5       //运行程序打开网页
6       system("start https://www.baidu.com");
7
8       return 0;
9   }
```

自动关机

```
1   #include <iostream>
2   using namespace std;
3   int main(){
4
5       //60秒后，自动关机
6       system("shutdown -s -t 60");
7
8       return 0;
9   }
```

▶巩固练习

（1）下面代码段的作用是什么？（　　）

Sleep(600);

Beep(1000, 600);

    A．在600毫秒内等待，然后产生一个1000 Hz的音调，持续600毫秒

    B．在600毫秒内等待，然后产生一个600 Hz的音调，持续1000毫秒

    C．产生一个1000 Hz的音调，持续600毫秒

    D．产生一个600 Hz的音调，持续1000毫秒

（2）阅读以下程序代码，找出两处错误。

```
1   #include <iostream>
2   #include <Windows.h>
3   using namespace std;
4   int main(){
5
6       */
7       标题：摩斯密码输出C++
8       摩斯密码对照
9       C: -.-.
10      ++: ....
11      */
12      system("摩斯密码输出C++");
13      Beep(1000,600);
14      Sleep(600);
15      Beep(1000,200);
16      Sleep(600);
17      Beep(1000,600);
18      Sleep(600);
19      Beep(1000,200);
20      Sleep(600);
21      Beep(1000,200);
```

```
代码 22    Sleep(600);
     23    Beep(1000, 200);
     24    Sleep(600);
     25    Beep(1000, 200);
     26    Sleep(600);
     27    Beep(1000, 200);
     28    return 0;
     29  }
```

（3）数字暗语特别多，例如3344（生生世世）、7086（七零八落）等。

来吧，结合摩斯密码对照表发出电报1314（一生一世）。

字符	电码符号	字符	电码符号	字符	电码符号	字符	电码符号
0	— — — — —	1	． — — — —	2	． ． — — —	3	． ． ． — —
4	． ． ． ． —	5	． ． ． ． ．	6	— ． ． ． ．	7	— — ． ． ．
8	— — — ． ．	9	— — — — ．				

第11课

安排出游车辆（取余数）

秋高气爽，126位魔法小精灵准备集体秋游，需要旅游公司安排接送车辆。已知一辆大巴可以容纳20位小精灵，一辆商务车可以容纳6位小精灵。坐不满大巴的小精灵改乘坐商务车，算一算总共需要几辆大巴，几辆商务车。

▶ 思考分析

（1）运用除法先计算需要几辆大巴：126÷20=6.3，需要6辆大巴，余下6位小精灵。

（2）再计算需要几辆商务车：6÷6=1，只需要1辆商务车。

总共需要6辆大巴+1辆商务车。

▼ 安排车辆

很多时候编程问题就是一道应用数学题，只要我们将逻辑理清楚，遵从C++的语法将其转换成编程语言，问题就解决了。

代码
```
1    #include <iostream>
2    using namespace std;
3
4    int main(){
5
6        int count,bus,car;
7
8        count = 126;
9        bus = count / 20;           //思考分析的第一步
10       car = count % 20 / 6;       //思考分析的第二步
```

```
代码
11        cout << "需要大巴: " << bus << "辆" << endl;
12        cout << "需要商务车: " << car << "辆" << endl;
13
14        return 0;
15    }
```

运行程序，答案出来了：

需要大巴：6辆
需要商务车：1辆

提示

　　这里只是将思考逻辑转换成了程序语言，在实际安排车辆时，需要考虑商务车数量无法整除的情况，此时需向上取整，多安排1辆。

▼ 个、十、百位求和

输入一个三位数，计算出这个三位数中百位、十位、个位3个数字相加的和。

```
代码
1     #include <iostream>
2     using namespace std;
3
4     int main(){
5         /*声明即将要用到的变量
6         num:输入的数字
7         unitsDigit:个位数字
8         tensDigit:十位数字
9         hundredsDigit:百位数字
10        sum:求和
11        */
12        int num,unitsDigit,tensDigit,hundredsDigit,sum;
13
14        cin >> num;
15        hundredsDigit = num / 100;      //求百位的数字
16        tensDigit = num % 100 / 10;     //求十位的数字
17        unitsDigit = num % 10;          //求个位的数字
18        sum = hundredsDigit + tensDigit + unitsDigit;
19        printf("%d + %d + %d = %d",hundredsDigit,tensDigit,unitsDigit,sum);
```

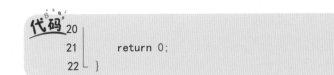

```
20
21        return 0;
22    }
```

运行程序，输入一个三位数652，输出结果为：

6 + 5 + 2 = 13

▶ **提出思考**

如何从三位数中拆出个、十、百位的数字呢？

● **百位**：将三位数除以100，只取商的整数部分，就是百位上的数字。num / 100，这是整数的除法运算，结果会丢弃小数部分，只保留整数部分。

● **个位**：将三位数除以10，得到的余数就是个位的数字。num % 10，使用%进行取余（求模）运算，得到num除以10的余数。

● **十位**：要取到十位上的数字，需要拆成两步。

（1）进行% 100运算。这个运算返回num除以100的余数，即十位上的数字和个位上的数字合在一起。

652 % 100=52（这里得到的52包含了十位上的数字和个位上的数字）

（2）接下来进行/10运算。这个运算将52除以10，得到的就是十位上的数字。

52/10=5（这里的5是十位上的数字）

划重点

printf("%d + %d + %d = %d",hundredsDigit,tensDigit,unitsDigit,sum)，重点研究一下这行代码。

printf()允许按照一定格式输出内容。这里的%用于在格式字符串中插入指定的数据格式，它与后面的字母组合在一起，形成格式控制符。

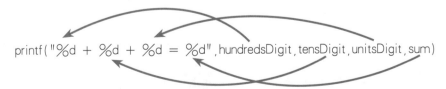

printf("%d + %d + %d = %d",hundredsDigit,tensDigit,unitsDigit,sum)讲

究参数依次对应,第一个%d对应后面第一个参数。

常见的一些格式控制符如下:

- %d:用于打印十进制整数(整数类型)。

- %f:用于打印浮点数。

- %s:用于打印字符串。

- %c:用于打印字符。

 敲黑板

运用对比学习法,总结3种%的使用场景及其不同的含义。

- **百分号 %**:在数学中,百分号%表示百分数。例如:这次考试的及格率只有60%。

- **格式控制符 %**:在C语言中,%是一个特殊字符,用于格式化输出,通常与printf( )函数一起使用。例如:printf("%d", num)。

- **取模运算 %**:在编程中,%表示取模(取余)运算符。用于计算一个数除以另一个数后的余数。例如:10 % 3结果是1。

▼ **倒过来的三位数**

输入一个三位数num,然后将这个三位数倒过来生成一个新数字newNum,并且将新数字newNum输出。例如:123→321。

▶ **思考分析**

将输入的三位数拆分出个、十、百位的数字,然后将个位的数字乘以100,加十位上的数字乘以10,再加百位上的数字,就是新数字了。

例如:123拆成1、2、3,新数字 = 3 × 100 + 2 × 10 + 1 =321。

```
1  #include <iostream>
2  using namespace std;
3
4  int main(){
5      /*声明即将要用到的变量
6      num:输入的数字
7      newNum:新数字
```

```
8        */
9        int num,newNum;
10       newNum = 0;
11       cin >> num;
12       newNum += num % 10 * 100;          //原数字个位 ×100
13       newNum += num % 100 / 10 * 10;     //原数字十位 ×10
14       newNum += num / 100;               //原数字百位
15
16       printf("原数字是：%d，倒过来的新数字是：%d",num,newNum);
17
18       return 0;
19   }
```

▶ **巩固练习**

（1）程序中的哪个部分接收用户输入的数字？（ ）

　　A．在变量声明部分

　　B．在 printf 函数中

　　C．在 newNum += num / 100；这一行

　　D．在 cin >> num；这一行

（2）下面哪行代码正确地计算了原数字的百位数字？（ ）

　　A．newNum = num % 10 * 100；

　　B．newNum = num % 100 / 10 * 10；

　　C．newNum = num / 100；

　　D．newNum = num % 1000 / 100；

（3）有这样一套加密规则，输入一个三位数，加密系统会将这个三位数的个位和十位对调，并在两个数字中间随机插入1个数字，得到加密密码。

例如：123加密→1302。

现在需要编写一个破解程序，输入四位数的加密密码，破解出原密码。

例如：2349解密→293。

第12课

小数字大学问（进制）

加法中有进位，那是一种计数方法，我们把这种带有进位的计数方法称为"进制"。

▼ **脑洞大开**

想一想我们身边都有哪些进制？

十进制是我们最常用的进制。看看我们的手指，十进制的发明跟我们人类有10个手指有关。小时候，我们也习惯用手指来帮助计数。

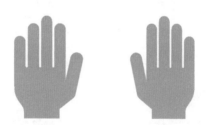

还有**六十进制**，时间的表示中广泛使用了六十进制，一小时=60分钟，一分钟=60秒，60秒进位1分钟，60分钟进位1小时。

还有**二十四进制**，24小时就是一天；**十二进制**，12个月就是一年；等等。开动脑筋想想还有什么进制？

计算机运用的二进制。

▶ **提出思考**

既然人类习惯使用十进制，那为什么发明的计算机要使用二进制呢？

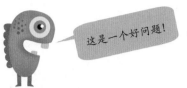

这是一个好问题！

提问是发明创造的开始。当初首先想到的应该是十进制，那用什么方式来表示不同的数字呢？

计算机是需要用电的，因此想到了电压，不通电时的电压0伏特表示数字0，通电后的电压1伏特表示1，2伏特表示2……10伏特表示10。看上去特别棒，但是电器件在使用过程可能会老化，同时外部环境也可能导致电压不是那么标准。当电压出现了2.5伏特时，到底表示的是2还是3呢？

$$2 \longleftarrow 2.5 \longrightarrow 3$$
$$?$$

再思考一下，拉开数字之间的电压差距之后会怎样呢？假设将10伏特算作1，以10伏特为中心电压差距正负10内也都算作1，也就是0~20伏特的电压范围都算作1，那么这样来表示数字9，估计电压快要到200伏特了。

那有没有更好的办法呢？当然有，二进制由此诞生，只需要通电和不通电就可以解决，有电压表示1，没电压表示0，从此不需要那么纠结了。

$$有 \quad 无$$
$$1 \longleftarrow √ \longrightarrow 0$$

▼ 进制转换

```
1   #include <iostream>
2   using namespace std;
3   int main() {
4
5       int num;
6       cin >> num;
7       printf("八进制：%o\n十进制：%d\n十六进制：%x", num, num, num);
8
9       return 0;
10  }
```

运行程序，输入：

17

输出结果为：

八进制：21
十进制：17
十六进制：11

（1）printf("八进制：%o\n十进制：%d\n十六进制：%x",num,num,num)：将输入的十进制数字按照八进制、十进制、十六进制分别输出。

（2）%o按八进制输出，%d按十进制输出，%x按十六进制输出。

（3）\是转义符，\n表示回车换行。因此一行的内容被分成了3行。

 划重点

输入数字17，按照不同的进制输出了不同的结果。从我们最熟悉十进制开始，一起研究一下进制。

①熟悉的**十进制**：

0、1、2、3、4、5、6、7、8、9，继续计数是不是就要进位了呢？

向前进一位。

这里的10，拆开来看成1和0，1是进位的1。

继续计数，数到17。

11、12、13、14、15、16、17

②再看看**八进制**：

0、1、2、3、4、5、6、7，这时不能继续数8了，因为在八进制里是没有8的，就像十进制里没有数字**十**，而是由进位的1和0组成。

继续计数就需要进位了。

这里的10，拆开来看成1和0，1是进位的1，是八进制的进位，也就是十进制的数字8。

继续计数。

11、12、13、14、15、16、17

　　这里的17，是八进制进位1，相当于8+7=15，而不是十进制的17。

又到了要进位的时候了。

2　　　　　0

这里的20，拆分成进位的2和数字0，也就是十进制的数字16 = 2 × 8。

继续计数。

21

八进制的21对应的是十进制的17。

③现在攻克**十六进制**：

十六进制可以一直数到15呢，但是需要用字母替代。

0、1、2、3、4、5、6、7、8、9、A(a)（十进制的10）、B(b)（十进制的11）、C(c)（十进制的12）、D(d)（十进制的13）、E(e)（十进制的14）、F(f)（十进制的15）。

F之后需要进位了。

1　　　　　0

十六进制进了一位，十六进制的数值10对应十进制的数值16。

继续计数。

11

加1得到的十六进制数值11就对应十进制的数值17啦！这里的11拆成1和1，第一个1代表十进制16。

 敲黑板

①探寻进制的奥秘，拆解十进制数字2023。

在十进制里面只有数字0~9，当继续计数就需要进位，这时10就诞生了。

10

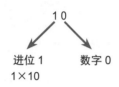

100

1000

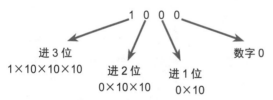

十进制的规则就是满十进一，进1位相当于×10，进2位就是×10×10，进3位就是×10×10×10。

现在一起来拆解2023吧。

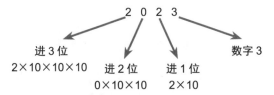

$2 \times 10 \times 10 \times 10 + 0 \times 10 \times 10 + 2 \times 10 + 3 = 2023$

②探寻八进制的365。

八进制中的10，在十进制中就是$1 \times 8 + 0 = 8$。

八进制中的100，在十进制中就是$1 \times 8 \times 8 + 0 \times 8 + 0 = 64$。

现在来拆解八进制的365。

$3 \times 8 \times 8 + 6 \times 8 + 5 = 245$

▼ **十进制转八进制**

将十进制转换成其他进制有一种通用的方法：短除法。

来吧，试试将十进制数字275转换成八进制数。

```
        余数
8 ⌐275    3         八进制
8 ⌐ 34    2    →    4 2 3
8 ⌐ 4     4
     0
```

（1）使用短除法不断地除以8，直到商为0。

（2）将余数倒序组合起来，即将4、2、3拼接起来。

（3）得到八进制结果423。

这就是使用短除法进行进制转换的过程。

▶ **提出思考**

为什么短除法就可以将十进制转成其他进制呢？

十进制的275转换成八进制是423。

进制是逢几进一，这是进制的规则，因此八进制的423也遵循这个规则，逢八进一。

从423变成十进制，这个我们之前已经探索了。

$4 \times 8 \times 8 + 2 \times 8 + 3$

下面对比一下进制转换的过程。

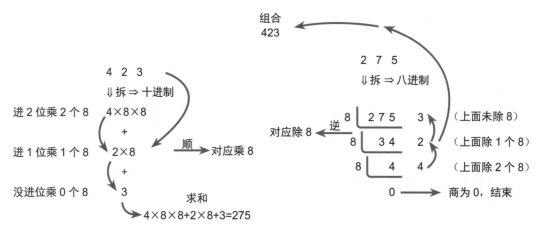

假设我们将八进制转换成十进制视为一种顺向思维，那么十进制转换回八进制就可以运用逆向思维来思考。

现在你知道为什么短除法可以将十进制转换成八进制了吗？

通过乘得到的答案，再通过除回去，就这么简单。

乘了几个8，反过来就需要除以几个8。

▶ **提出思考**

怎么没有二进制呢？

printf( )没有转换成二进制的格式。但是我们依然可以运用之前学习过的循环来实现。

（1）把二进制数101转换成十进制数：

- 1 ⟶ 进了2位 ⟶ $1 \times 2 \times 2 = 4$ ⟶ $1 \times 2^2 = 4$
- 0 ⟶ 进了1位 ⟶ $0 \times 2 = 0$ ⟶ $0 \times 2^1 = 0$
- 1 ⟶ 进了0位 ⟶ $1 \times 1 = 1$ ⟶ $1 \times 2^0 = 1$

进几位就是乘以2的几次方，没有进位则是2的0次方等于1。

将计算结果相加：4 + 0 + 1 = 5。

（2）十进制118转换成二进制数：

```
2 | 118    0
  2 | 59    1
    2 | 29    1
      2 | 14    0
        2 | 7    1
          2 | 3    1
            2 | 1    1
                0
```

直到商为0，将余数倒序连接起来，为1110110。

▼ 十进制转二进制

```cpp
1   #include <iostream>
2   using namespace std;
3
4   int main(){
5
6       int num, binary;
7       cin >> num;
8
9       while (true){
10          binary = num % 2;
11          num = num / 2;
12          cout << binary << "  商为: " << num;
13          system("pause");
14      }
15
16      return 0;
17  }
```

翻译助力理解

● pause：暂停。

（1）使用while (true){ }不断进行短除法。

（2）短除法分为两步，第一步求余数 binary = num % 2，第二步求商 num = num / 2。

（3）cout << binary << " 商为： " << num 表示每一步都将结果输出。

（4）system(" pause")表示暂停程序，等待按键继续执行程序，便于我们观察和推进短除法。

运行程序，输入数字：

21

输出结果为：

1　商为：10请按任意键继续.．.

0　商为：5请按任意键继续.．.

1　商为：2请按任意键继续.．.

0　商为：1请按任意键继续.．.

1　商为：0请按任意键继续.．.

观察结果，当商为0时，程序不用继续执行，将余数从下往上组合起来，即可得出十进制数21对应的二进制数10101。

 敲黑板

研究程序最好的方式就是跟随程序步骤逐一分析。

```
2 | 2 1    1 ←binary=num%2
              num = num/2   } ⇒cout<<binary<<" 商为： "<<num ⇒ 1 商为 :10
2 | 1 0    0 ←binary=num%2
              num = num/2   } ⇒cout<<binary<<" 商为： "<<num ⇒ 0 商为 :5
2 | 5      1 ←binary=num%2
              num = num/2   } ⇒cout<<binary<<" 商为： "<<num ⇒ 1 商为 :2
2 | 2      0 ←binary=num%2
              num = num/2   } ⇒cout<<binary<<" 商为： "<<num ⇒ 0 商为 :1
2 | 1      1  num = num/2
              binary=num%2  } ⇒cout<<binary<<" 商为： "<<num ⇒ 1 商为 :0 ⇒可以结束了
    0   ←   num = num/2
```

注意每一步 binary 和 num 都发生了变化。

▶ 巩固练习

（1）将十进制数 42 转换为二进制数，得到的结果是（　　）。

    A．001010

    B．101010

    C．010101

    D．110101

（2）八进制数系统中包含的数字范围是0到7。（　　）√（　　）×

（3）请编写一个程序，接收用户输入的十进制整数，将它转换为八进制数和十六进制数，并输出结果。

▶ 探索思考

如果程序能在转换完成后自动停止那该多好，这就省去了观察商变化的时间。

阅读以下代码，思考一下为什么改成num＞0后，程序就自动停止了呢？

```
1   #include <iostream>
2   using namespace std;
3
4   int main(){
5
6       int num,binary;
7       cin >> num;
8
9       while (num>0){
10          binary = num % 2;
11          num = num / 2;
12          cout << binary << " 商为: " << num << endl;
13      }
14
15      return 0;
16  }
```

划重点

while ( ) { }的圆括号里面的true变成了num＞0，条件发生了变化，之前的true

表示条件一直成立，num > 0表示只有num大于0条件才成立，那么当商为0时，条件不成立，循环也就不继续了。

原来圆括号里放的是循环执行的条件呀！

▶ 拓展探索

之前说到printf( )没有二进制的输出格式，现在阅读以下代码学习一下如何快速进行进制转换。

代码

```
1   #include <iostream>
2   #include <bitset>
3   #include <iomanip>      //用于oct和hex控制符
4   using namespace std;
5
6   int main() {
7       int num;
8       cout << "请输入一个十进制整数：";
9       cin >> num;
10
11      cout << "二进制表示：" << bitset<sizeof(int) * 4>(num) << endl;
12      cout << "八进制表示：" << oct << num << endl;
13      cout << "十六进制表示：" << hex << num << endl;
14
15      return 0;
16  }
```

（1）cout << "二进制表示：" << bitset<sizeof(int) * 4>(num) << endl：这行代码用于将num以二进制表示。它使用了bitset类，将整数num转换为一个包含二进制的字符串，并输出到标准输出流cout中。sizeof(int) * 4用于指定二进制字符串的长度，将4分别改成2和8，运行程序观察字符串长度的变化。

（2）cout << "八进制表示：" << oct << num << endl：表示使用oct控制符将整数num以八进制格式输出。

（3）cout << "十六进制表示：" << hex << num << endl：表示使用hex控制符将整数num以十六进制格式输出。

负数的进制呢？

第13课

ASCII 编码背后的秘密
（ASCII 编码）

计算机内部以二进制形式存储数据，但我们使用的语言是基于字符的。为了在计算机中存储和处理文本，需要一种方法将字符映射到数字，以便计算机能够理解和处理文本数据。

由于不同的系统使用了不同的编码，因此为了解决编码统一的问题，人类创造了ASCII编码，其中每个字符都有一个唯一的对应数值。

▼ 获取ASCII编码

C++是区分数据类型的，不同的数据类型之间并非都可以直接转换。如果把字符的ASCII编码视为数值，那么强行将字符类型转换成数字类型，会不会就变成了字符对应的ASCII编码呢？

```
1   #include <iostream>
2   using namespace std;
3
4   int main(){
5
6       char c;
7       int asciiNum;
8
9       cout << "请输入一个字符：";
10      cin >> c;
11      asciiNum = c;
```

代码

```
12
13        cout << c << "的ASCII编码是: " << asciiNum << endl;
14        return 0;
15    }
```

运行程序:

请输入一个字符: a
a的ASCII编码是: 97

(1) char c声明一个字符变量c。
(2) asciiNum = c将字符变量的值赋给整数变量asciiNum。

ASCII编码对照表

将程序结果与对照表进行比较, 看看程序运行是否正确。

十进制	字符	十进制	字符
65	A	97	a
66	B	98	b
67	C	99	c
68	D	100	d
69	E	101	e
70	F	102	f
71	G	103	g
72	H	104	h
73	I	105	i
74	J	106	j
75	K	107	k
76	L	108	l
77	M	109	m
78	N	110	n
79	O	111	o
80	P	112	p
81	Q	113	q
82	R	114	r
83	S	115	s
84	T	116	t
85	U	117	u
86	V	118	v
87	W	119	w
88	X	120	x
89	Y	121	y
90	Z	122	z

可见将字符类型转换成数值类型，转换后的数值就是对应的ASCII码。

逆向思维

如果把字符后强行转换成数值是ASCII码，那么把数值强行转换成字符也会对应上吗？

```
1    #include <iostream>
2    using namespace std;
3
4    int main(){
5
6        char c;
7        int asciiNum;
8
9        cout << "请输入一个整数字: ";
10       cin >> asciiNum;
11       c = asciiNum;
12
13       cout << asciiNum << " ASCII编码对应的字符是: " << c << endl;
14       return 0;
15   }
```

运行程序：

请输入一个整数字：65
65 ASCII编码对应的字符是：A

数值强行转换成字符也对应上了。

▼ **加一加**

英文字母一共有26个，那么a到z间隔了多少个字母呢？

```cpp
1   #include <iostream>
2   using namespace std;
3
4   int main() {
5
6       char c;
7       c = 'a';
8       c = c + 25;
9
10      cout << "a + 25 = " << c << endl;
11      return 0;
12  }
```

运行程序：

a + 25 = z

给'a'加上25，运算了一下就变成'z'。

▼ 字母大小写转换

大写字母的A~Z对应的ASCII编码是65~90，小写字母的a~z对应的ASCII编码是97~122，同一字母大小写之间相差32。

大写字母转换为小写字母

```cpp
1   #include <iostream>
2   using namespace std;
3
4   int main() {
5
6       char uppercase, lowercase ;
7
8       cout << "请输入大写字母：";
9       cin >> uppercase;
10      lowercase = uppercase + 32;
11
12      cout << uppercase << "的小写字母是：" << lowercase << endl;
13      return 0;
14  }
```

运行程序：

请输入大写字母：G
G的小写字母是：g

小写字母转换成大写字母

```
1   #include <iostream>
2   using namespace std;
3
4   int main() {
5
6       char uppercase,lowercase ;
7
8       cout << "请输入小写字母：";
9       cin >> lowercase;
10      uppercase = lowercase - 32;
11
12      cout << lowercase << "的大写字母是：" << uppercase << endl;
13      return 0;
14  }
```

运行程序：

请输入小写字母：e
e的大写字母是：E

▶ 巩固练习

（1）ASCII编码中，小写字母a的ASCII码值是多少？（   ）
    A．96   B．97   C．65   D．66

（2）如果希望将大写字母'A'转换为小写字母'a'，应该将ASCII码值增加多少？
（   ）
    A．25   B．26   C．27   D．32

（3）编写一个C++程序，接收输入的小写字母，输出它的ASCII编码及其对应的大写字母。例如：如果用户输入小写字母a，则程序输出97和大写字母A。

列竖式做计算（setw（）函数）

输出金字塔实现*左对齐、右对齐、居中对齐。你有什么办法吗，尝试着编写程序试一试吧。

左对齐	右对齐	居中对齐
|*|	| *|	| * |
|***|	| ***|	| *** |
|*****|	| *****|	| ***** |
|*******|	| *******|	| ******* |
|*********|	|*********|	|*********|

easy！用空格补充。

▶ 温故知新

左对齐输出只需要按照图案正常输出就可以达到效果。

```
代码  1   #include <iostream>
      2   using namespace std;
      3
      4   int main(){
      5
      6       cout << "|" << "*" << "|" << endl;
      7       cout << "|" << "***" << "|" << endl;
      8       cout << "|" << "*****" << "|" << endl;
      9       cout << "|" << "*******" << "|" << endl;
     10       cout << "|" << "*********" << "|" << endl;
     11
     12       return 0;
     13   }
```

右对齐

右对齐用空格补位的方式输出，但这里我们使用一个新的函数 **setw()**，它可以快速地设定输出的宽度。

```
代码  1   #include <iostream>
      2   #include <iomanip>
      3   using namespace std;
      4
      5   int main(){
      6
      7       cout << "|" << setw(9) << "*" << "|" << endl;
      8       cout << "|" << setw(9) << "***" << "|" << endl;
      9       cout << "|" << setw(9) << "*****" << "|" << endl;
     10       cout << "|" << setw(9) << "*******" << "|" << endl;
     11       cout << "|" << setw(9) << "*********" << "|" << endl;
     12
     13       return 0;
     14   }
```

*齐刷刷地靠着最右边了，对得整整齐齐，有种向右看齐的架势。

划重点

在使用setw()函数之前，需要添加头文件#include <iomanip>。

setw(int n)：整数n表示字段宽度，它只对紧跟其后的输出内容有效。

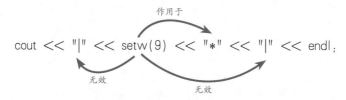

当后面紧跟着的输出内容长度**小于n**的时候，在该内容前面会用空格补齐；当输出内容长度**大于n**的时候，内容会全部整体输出，并不会被截取。

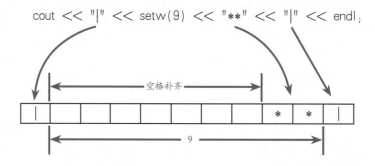

居中对齐

升级挑战，如何确定setw()函数中的参数值。当我们希望*能够居中显示时，就需要排兵布阵了。

```
|    *    |
|   ***   |
|  *****  |
| ******* |
|*********|
```

在这个输出中，我们不仅需要考虑*，还需要考虑|。

跟着我一起来排兵布阵。**setw()**函数中括号里的数字代表的不是空格的数量，而是整体长度，不够时使用空格补充。

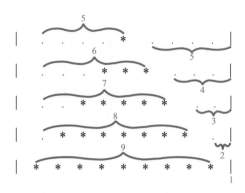

对照阵列图，编写代码就轻松了。

```
1  #include <iostream>
2  #include <iomanip>
3  using namespace std;
4
5  int main() {
6
7      cout << "|" << setw(5) << "*" << setw(5) << "|" << endl;
8      cout << "|" << setw(6) << "***" << setw(4) << "|" << endl;
9      cout << "|" << setw(7) << "*****" << setw(3) << "|" << endl;
10     cout << "|" << setw(8) << "*******" << setw(2) << "|" << endl;
11     cout << "|" << setw(9) << "*********" << "|" << endl;
12
13     return 0;
14 }
```

setw(1) 可以直接省略啦!

挑战再度升级，运用**setw()**函数列竖式做计算吧！

▼ 列竖式做计算

```
        2023
   +    2022
   ——————————
        4045
```

遇到格式，我们都可以先排兵布阵，一个简单的草图会帮助我们更快速地确定具体数值。

101

					2	0	2	3			
		+			2	0	2	2			
-	-	-	-	-	-	-	-	-	-	-	-
					4	0	4	5			

● 第一排设置12的宽度。

● 第二排设置一个4的宽度和一个8的宽度。

● 第三排全是–，不需要设置，输入16个–。

● 第四排设置12的宽度。

代码

```cpp
1  #include <iostream>
2  #include <iomanip>
3  using namespace std;
4
5  int main(){
6
7      int add1, add2, sum;
8
9      cout << "输入第一个加数：";
10     cin >> add1;
11     cout << "输入第二个加数：";
12     cin >> add2;
13     sum = add1 + add2;
14
15     cout << setw(12) << add1 << endl;
16     cout << setw(4) << "+" << setw(8) << add2 << endl;
17     cout << "----------------" << endl;
18     cout << setw(12) << sum << endl;
19
20     return 0;
21  }
```

运行程序，输出结果为：

输入第一个加数：2023
输入第二个加数：2022

```
    2023
+   2022
----------------
    4045
```

▶巩固练习

（1）阅读以下代码，程序运行后的正确输出是（   ）。

```
代码
1    #include <iostream>
2    #include <iomanip>
3    using namespace std;
4
5    int main(){
6
7        int add1, add2, sum;
8
9        add1 = 12;
10       add2 = 5;
11       sum = add1 + add2;
12
13       cout << add1 << setw(12) << endl;
14       cout << "+" << setw(8) << add2 << endl;
15       cout << "----------------" << endl;
16       cout << setw(12) << sum << endl;
17
18       return 0;
19   }
```

A.
```
12
            +          5
----------------
               17
```

B.
```
12
+          5
----------------
               17
```

C.

```
              12
   +           5
————————————————
              17
```

D.

```
12
   +           5
————————————————
              17
```

（2）下面代码输出中会有几个空格？（　　）

int number = 2023;

cout << setw(3) << number << endl;

　　A. 4　　　　B. 3　　　C. 2　　　D. 0

（3）编写程序将案例**列竖式做计算**中的加法运算程序改成减法运算，并输出4321-1234的竖式。

第二部分
智能的开始——选择结构

第15课

发热分诊台（if 的判断、比较运算符）

医院通常都设有发热门诊，前往医院就诊时，在分诊台会对病人进行体温检测，当体温高于37.3℃时就需要前往发热门诊。

有了判断程序，程序也就有了一定的智能，我们输入测量的体温，程序输出分诊结果。

▼ 发热门诊

将输入的体温与37.3℃进行比较，如果体温高于37.3℃，就提醒病人前往发热门诊。

代码
```
1    #include <iostream>
2    using namespace std;
3
4    int main(){
5
6        float temperature;
7        cout << "请输入体温：";
8        cin >> temperature;
9
10       if (temperature > 37.3){
11           cout << "体温高于37.3℃，请前往发热门诊。";
12       }
13       return 0;
14   }
```

① 运行程序，输出如下：

请输入体温：36

② 运行程序，输出如下：

请输入体温：38
体温高于37.3℃，请前往发热门诊。

翻译助力理解

● if：如果。

● temperature：体温。

（1）float temperature：声明一个浮点数类型的变量，因为体温通常是带有小数部分的。

（2）if (temperature > 37.3){ }：这段代码翻译一下就可以理解。

花括号里的代码就是满足前面圆括号里的条件后，程序需要执行的指令。

当我们输入36时，程序没有反应，因为体温没有大于37.3℃，所以花括号里的指令不执行。

当我们输入38时，因为体温大于37.3℃，所以执行花括号里的指令，输出"体温高于37.3℃，请前往发热门诊。"

 划重点

if 语句的语法结构如下：

```
if （ 表达式 ）
{
    表达式条件成立时执行的程序语句
}
```

程序执行规则是：

● 先判断圆括号里面的表达式是否成立。

● 如果成立，则执行花括号里的指令；如果不成立，则不执行花括号里的指令，而是继续执行下面的指令。

有了if语句，程序的智能也就开始了。在之前编写的很多程序中都有输入环节，但是我们很难控制用户的输入。例如：在除法运算中，如果用户将0作为除数输入，程序就会报异常错误。

▼ 排查除数0

为避免程序报错，我们需要将0作为除数的情况排除。

```
1   #include <iostream>
2   using namespace std;
3
4   int main(){
5
6       float dividend,divisor,quotient;
7       cout << "请输入被除数：";
8       cin >> dividend;
9       cout << "请输入除数：";
10      cin >> divisor;
11
12      if (divisor != 0){
13          quotient = dividend / divisor;
14          cout << dividend << " ÷ " << divisor << " = " << quotient << endl;
15      }
16
17      cout << "要注意除数不能为0！";
18      return 0;
19  }
```

> 涉及除法的考题中，经常会有此类问题，一定要谨记！

① 运行程序：

请输入被除数：36
请输入除数：12
36 ÷ 12 = 3
要注意除数不能为0！

② 运行程序：

请输入被除数：45
请输入除数：0
要注意除数不能为0！

（1）divisor != 0：除数不等于0才进行除法运算。!=表示不等于，不等于0成立意味着除数不为0。

划重点

>和!=都属于关系运算符，除了这两个关系运算符以外，还有其他一些关系运算符。注意：关系运算符也叫作比较运算符。

关系运算	大于	小于	等于	大于或等于	小于或等于	不等于
运算符	>	<	==	>=	<=	!=

数学中"="表示等于，程序中"="是赋值，"=="是相等判断。

（2）cout << "要注意除数不能为0！"：这句代码在 if 语句的外面，无论除数是不是0，它都会执行。

敲黑板

写程序和写文章类似，文章通过文字表达主题，舒展情怀；程序通过代码实现想法，解决问题。文章中有章节，有段落；程序中有头文件，有缩进。

段落便于阅读，让我们理解这段文字围绕一整块内容。缩进也一样，既便于程序阅读，又让我们更容易理解代码的层次结构（区分代码块）。

代码

```cpp
#include <iostream>
using namespace std;

int main(){

    float dividend, divisor, quotient;
    cout << "请输入被除数：";
    cin >> dividend;
    cout << "请输入除数：";
    cin >> divisor;

    if (divisor != 0){
        quotient = dividend / divisor;
        cout << dividend << " ÷ " << divisor << " = " << quotient << endl;
    }

    cout << "要注意除数不能为0！";
    return 0;
}
```

一层缩进

二层缩进

缩进也是语法的一部分，if花括号里的内容需要缩进。

```
if ( ){
    缩进 语句
}
```

那么如何实现缩进呢？按键盘上的 Tab 键即可快速实现。

 巩固练习

（1）声明3个int类型的变量存储被除数、除数和商，当用户输入5作为被除数，输入2作为除数时，输出商的值是多少？（   ）

    A．2.5   B．2   C．2.0   D．2.00

（2）如果想要在C++中执行一个代码块，但该代码块只在某个条件为真时才执行，应该使用什么关键字？（   ）

    A．for   B．while   C．if   D．else

（3）编写一个C++程序，让用户输入两个整数，然后使用条件语句检查哪个数较大，并输出较大的数。

第16课

条件有点多（多 if 组合）

有了if语句，很多计算判断和程序侦测就能实现自动化。数学中有很多有趣的数字（雷劈数、完全数、水仙花数……），之前都是苦苦计算的，现在只需要编写程序，让if进行判断就可以快速确定。

先来试试水仙花数（水仙花数是指一个三位数，各位上的数字的3次幂之和等于它本身。例如：$1^3+5^3+3^3=153$。）

▼ 水仙花数

结合百、十、个位的数字拆分算法，运用次方计算判断输入的数字是不是水仙花数。

> 我知道4个水仙花数：153、370、371、407。

```
代码  1   #include <iostream>
      2   #include <cmath>
      3   using namespace std;
      4
      5   int main(){
      6      /*
      7      声明即将要用到的变量
      8      num:输入的数字
      9      unitsDigit:个位数字
     10      tensDigit:十位数字
     11      hundredsDigit:百位数字
```

代码

```
12          */
13          int num, unitsDigit, tensDigit, hundredsDigit, sum;
14
15          cout << "请输入要判断的数字：";
16          cin >> num;
17          hundredsDigit = num / 100;      //求百位的数字
18          tensDigit = num % 100 / 10;     //求十位的数字
19          unitsDigit = num % 10;          //求个位的数字
20
21          sum = pow(unitsDigit, 3) + pow(tensDigit, 3) + pow(hundredsDigit, 3);
22
23          if (num == sum) {
24              cout << num << "是水仙花数！";
25          }
26          return 0;
27      }
```

运行程序：

请输入要判断的数字：153
153是水仙花数！

如果没有输出，那么说明这个数字不是水仙花数。

（1）pow()函数用于计算一个数的次方。pow(1,3)表示计算1的3次方。pow(double base, double exponent)函数接收两个参数：base是底数，exponent是指数。它返回base的exponent次幂的结果，返回值是一个double类型的浮点数。

使用pow()函数记得先导入头文件 #include <cmath>。

（2）sum = pow(unitsDigit,3) + pow(tensDigit,3) + pow(hundredsDigit,3)：将各位数的3次方加起来。

（3）num == sum：比较数字num和sum，如果二者相等，那么num就是水仙花数。

▼ 判断奇偶数

一个if只能针对一种情况进行判断，当出现多种情况应该怎么办呢？例如：要区分奇偶数，需要将两种情况分开判断。

```
1  #include <iostream>
2  using namespace std;
3
4  int main() {
5
6      int num;
7
8      cout << "请输入要判断的数字: ";
9      cin >> num;
10     if (num%2 == 0) {
11         cout << num << "是偶数! ";
12     }
13     if (num%2 != 0) {
14         cout << num << "是奇数! ";
15     }
16     return 0;
17 }
```

运行程序：

①请输入要判断的数字：6
6是偶数！
②请输入要判断的数字：9
9是奇数！

▼ 优良中差

输入考试成绩评定优良中差，考试分数范围是0~100，假设低于60分为不及格，大于或等于60分为及格，大于或等于70分为中等，大于或等于80分为良好，大于或等于90分为优秀。

编写一个程序，输入得分，输出成绩对应的评定。

```
1  #include <iostream>
2  using namespace std;
3
4  int main() {
5
6      float score;
7      cout << "输入得分: ";
8      cin >> score;
9
10     if(score > 100) {
```

代码

```
11          cout << "输入有误超出总分了! ";
12      }
13      if (score >= 90) {
14          cout << "优秀";
15      }
16      if (score >= 80) {
17          cout << "良好";
18      }
19      if (score >= 70) {
20          cout << "中等";
21      }
22      if (score >= 60) {
23          cout << "及格";
24      }
25      if (score < 60) {
26          cout << "不及格";
27      }
28      if (score < 0) {
29          cout << "输入有误低于0分了! ";
30      }
31      return 0;
32  }
```

多次运行程序并输入不同的分数，注意观察程序的输出情况，并分析为什么。

（1）用户的输入通常比较随意，所以在输入时需要考虑一些错误情况。例如：分数必须大于或等于0，且小于或等于100。

代码

```
if (score > 100) {
    cout << "输入有误超出总分了! ";
}
if (score < 0) {
    cout << "输入有误低于0分了! ";
}
```

（2）通过多个if对分数进行判断，但是输出结果有些奇怪。当我输入分数96时，程序输出了**优秀**、**良好**、**中等**、**及格**，其实我只想它输出**优秀**。

输入得分：96
优秀良好中等及格

▶ 提出思考

96分符合多种情况，因此会一一输出。如果每次判断后都调整输出内容，最后只输出一次，结果又会如何？

```cpp
1   #include <iostream>
2   using namespace std;
3
4   int main() {
5
6       float score;
7       string level;
8       cout << "输入得分: ";
9       cin >> score;
10
11      if(score > 100) {
12          level = "输入有误超出总分了！";
13      }
14      if (score >= 90) {
15          level = "优秀";
16      }
17      if (score >= 80) {
18          level = "良好";
19      }
20      if (score >= 70) {
21          level = "中等";
22      }
23      if (score >= 60) {
24          level = "及格";
25      }
26      if (score < 60) {
27          level = "不及格";
28      }
```

```
代码  29   if (score < 0) {
      30       level = "输入有误低于0分了！";
      31   }
      32   cout << level;
      33   return 0;
      34 }
```

运行程序：

输入得分：96

及格

又出 Bug 啦！

 敲黑板

逐一分析：

① 因为96<100，所以直接跳过下面代码。

```
代码  if (score > 100) {
         level = "输入有误超出总分了！";
      }
```

② 因为96>90，符合条件，所以level变成"优秀"。

```
代码  if (score >= 90) {
         level = "优秀";
      }
```

③ 因为96>80，符合条件，所以level变成"良好"。

```
代码  if (score >= 80) {
         level = "良好";
      }
```

④ 因为96>70，符合条件，所以level变成"中等"。

```
代码  if (score >= 70) {
         level = "中等";
      }
```

⑤ 因为97>60，符合条件，所以level变成"及格"。

代码
```
if (score >= 60) {
    level = "及格";
}
```

⑥ 后续不符合条件。

所以最后level变成"及格"，输出结果是"及格"。

从90到60，相当于一层一层地**降级**，如果把条件倒过来，那么条件就会一层一层地**升级**。

代码
```
1   #include <iostream>
2   using namespace std;
3
4   int main() {
5
6       float score;
7       string level;
8       cout << "输入得分: ";
9       cin >> score;
10
11      if (score < 60) {
12          level = "不及格";
13      }
14      if (score >= 60) {
15          level = "及格";
16      }
17      if (score >= 70) {
18          level = "中等";
19      }
20      if (score >= 80) {
21          level = "良好";
22      }
23      if (score >= 90) {
24          level = "优秀";
```

```
代码  25 ┤        }
      26
      27 ┤        if (score < 0) {
      28              level = "输入有误低于0分了！";
      29 ┤        }
      30 ┤        if (score > 100) {
      31              level = "输入有误超出总分了！";
      32 ┤        }
      33          cout << level;
      34          return 0;
      35 └  }
```

（1）将不符合的分数条件排除。

（2）将分数判断倒过来，按照之前的推理过程，分数只需要往后满足条件，level就会被重新赋值。

运行程序：

输入得分：96
优秀

尝试看看程序是否还有其他问题。

▶ **巩固练习**

（1）以下对408这个数字描述正确的是（　　）。

　　A．是奇数　　　　B．是偶数　　　　C．是水仙花数　　　　D．是二进制

（2）阅读以下程序，写出程序的输出结果。

```
代码  1  #include <iostream>
      2  #include <cmath>
      3  using namespace std;
      4
      5  int main() {
      6
      7      int num=123;
      8      num = num % 100 / 10;
      9      num = pow(num, 3);
```

```
代码 10      if (num > 10) {
     11          cout << "1";
     12      }
     13      if (num > 5) {
     14          cout << "2";
     15      }
     16      if (num > 0) {
     17          cout << "3";
     18      }
     19      return 0;
     20  }
```

输出：

（3）不断输入数字，计算出输入的数字中偶数的数量。

第17课

零售与批发（else、常量）

如果……那么……

　　　　PK

如果……那么……否则……

多了一个**否则**，如果……那么……不去完成的事情，由**否则**来完成。

如果今天是工作日，那么去上学，否则去游玩，一起来造句吧！

if不做的事情，让**else**来完成，一个整数如果能被二整除，那么它是偶数，否则它是奇数。

▶ **温故知新**

没有else之前，需要再编写一个if语句。有了else，可以直接将if不满足的条件通过排除法给else来完成。

```
1    #include <iostream>
2    using namespace std;
3
4    int main() {
5
6        int num;
7        cout << "请输入整数：";
8        cin >> num;
9
10       if (num % 2 == 0) {
11           cout << num << "是偶数。";
12       }
13       else {
14           cout << num << "是奇数。";
15       }
16
17       return 0;
18   }
```

运行程序：

请输入整数：36
36是偶数。

翻译助力理解

● else：其他的。

划重点

断案之真真假假，if语句的执行特别讲究条件。

条件有成立和不成立（即满足和不满足），在程序中成立和满足表示为true，不成立和不满足表示为false。

翻译助力理解

● true：真的。

● false：假的。

2==2（真—true）

3＞4（假—false）

46 ％ 2 == 1（假–false）。

35 ％ 2 >= 1（真–true），只要满足大于和等于其中一个条件就是真。

▼ 零售与批发

超市正在促销一款牛奶，厂商对牛奶设计了一个促销阶梯价，买得越多越便宜。1~4箱按照零售价售卖，为62元每箱，5箱以上的价格为58元每箱，20箱以上的价格为50元每箱，100箱以上的价格为45元每箱。

假设购买21箱，价格是这样计算的：21×50=1050。

设计一个程序，实现输入牛奶采购数量就能快速计算出采购费用。

```
1    #include <iostream>
2    using namespace std;
3
4    int main () {
5
6        int num, total;
7        const int PRICE1=62, PRICE2=58, PRICE3=50, PRICE4=45;
8        cout << "请输入牛奶采购数量: ";
9        cin >> num;
10
11       if (num < 5) {
12           total = num * PRICE1;
13       }
14       else if (num < 20) {
15           total = num * PRICE2;
16       }
17       else if (num < 100) {
18           total = num * PRICE3;
19       }
20       else {
21           total = num * PRICE4;
22       }
23       cout << "采购费用总共为: " << total;
24       return 0;
25   }
```

运行程序：

请输入牛奶采购数量：56
采购费用总共为：2800

（1）const int PRICE1=62, PRICE2=58, PRICE3=50, PRICE4=45：声明4个价格常量。

const 数据类型 名称同时初始化变量，这样声明的是常量，常量名称习惯全部采用大写字母，便于区分。常量是不变化的量，在程序中用于存储固定的数据。常量在编程中非常有用，因为它们可以提高代码的可读性和可维护性，并确保特定的值不会被意外修改。

这里厂商设置了4个促销价格，这4个价格不希望被修改。当牛奶采购的数量达到对应的数量时，就按照规定的促销价格计算。

变量是可变的量，常量是不可变的量。

对比学习

在程序中修改常量的值，程序就会出错。

```
1    #include <iostream>
2    using namespace std;
3
4    int main(){
5
6        const int PRICE=120;
7        PRICE= 150;
8        cout << PRICE;
9        return 0;
10   }
```

运行程序报错：

　　[Error] assignment of read-only variable 'PRICE'

光标在错误的代码行里高亮显示，帮助我们快速定位问题代码位置。

```
1    #include <iostream>
2    using namespace std;
3
4    int main(){
5
6        const int PRICE=120;
7        PRICE= 150;
8        cout << PRICE;
9        return 0;
10   }
```

翻译助力理解

- Error：错误。

- assignment：赋值。

- read-only：只读。

- variable：变量。

这个错误信息说明我们在给一个被声明为只读（read-only）的变量PRICE赋值。在C++中，被声明为const的变量是只读的，它们的值在初始化后就不能被修改。因此，尝试对一个const变量进行赋值操作会导致编译错误。

修改变量的值，输出变化后的数据。

```
1    #include <iostream>
2    using namespace std;
3
4    int main(){
5
6        int price=120;
7        price = 150;
8        cout << price;
9        return 0;
10   }
```

运行程序，输出修改后的数值：

150

（2）else if( ) { }：在else之前还出现了几个else if。

else if语句用于在一个if语句后面添加额外的条件。如果前面的if条件为假（不成立），而else if中有条件为真（成立），那么执行对应条件成立的else if代码块。

可以使用多个else if来添加多个条件，条件从上往下依次判断，但只要有一个else if条件成立，就不继续进行后面的条件判断。

 敲黑板

对比学习，让知识更系统。

①单个if语句：

```
if(条件){
    条件成立时执行程序A
}
```

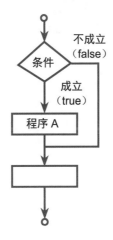

②多个if语句：

```
if(条件1){
    条件1成立时执行程序A
}
if(条件2){
    条件2成立时执行程序B
}
if(条件3){
    条件3成立时执行程序C
}
```

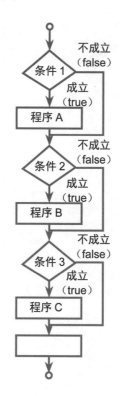

③if—else语句：

```
if(条件){
    条件成立时执行程序A
}else{
    条件不成立时执行程序B
}
```

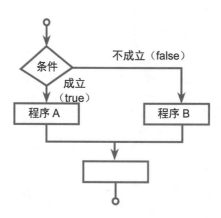

④if—else if语句：

```
if(条件1) {
    条件1成立时执行程序A
}
else if(条件2) {
    条件2成立时执行程序B
}
else if(条件3) {
    条件3成立时执行程序C
}
```

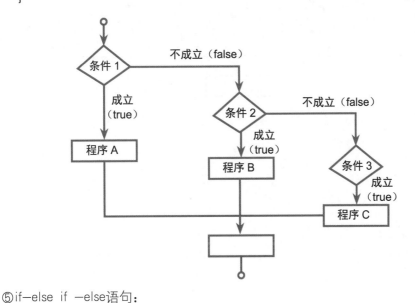

⑤if—else if —else语句：

```
if(条件1) {
    条件1成立时执行程序A
}
else if(条件2) {
    条件2成立时执行程序B
}
else if(条件3) {
    条件3成立时执行程序C
}
...
else{
```

以上条件都不成立时执行程序D
}

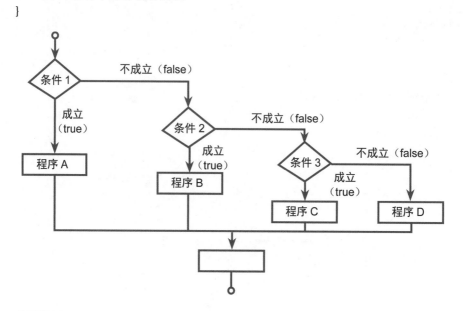

▶ 巩固练习

（1）以下哪种方式可以定义常量 π？（　　）

  A．const float pi = 3.14

  B．int pi = 3.14

  C．const int pi = 3.14

  D．float pi = 3.14

（2）假设按照以下规则将年龄进行分段：0~6岁为婴幼儿，7~12岁为少儿，13~17岁为青少年，18~45岁为青年，46~69岁为中年，69岁以上为老年。

编写一个程序，根据用户输入的年龄给出对应的分段。

（3）编写一个程序，用于确定输入年份是不是闰年。

闰年判断规则：

如果年份可以被4整除但不可以被100整除，则为闰年。

如果年份可以被400整除，则为闰年。

用 && 连接两个同时满足的条件。

第18课

血压侦测（逻辑运算符）

　　探险队即将出发，为了确保探险队队员的健康，在出发之前需要给每位队员进行血压测量，并记录血压情况。为了快速判断队员的血压情况，需要对记录的血压进行分析，这就需要我们的编程小勇士帮忙设计一个血压侦测程序，快速分析输入的血压情况，并输出判定结果。

▼ 知识加油站

　　血压是指血液对血管壁施加的压力，通常以毫米汞柱（mmHg）为单位。血压有两个值：收缩压（Systolic Pressure）和舒张压（Diastolic Pressure）。

- 收缩压：收缩压是心脏搏动时，将血液推送到体循环中的最高压力。
- 舒张压：舒张压是心脏休息时，血液在动脉中施加的最低压力。

　　血压可以通过血压计来测量。血压计被包裹在一个充气袖带上，测量时将它放在上臂上，充气袖带会逐渐充气，然后逐渐释放气压，同时测量血压值。

▼ 血压侦测

　　假设血压的判定标准为：

- 低血压：收缩压低于90mmHg，同时舒张压低于60mmHg。
- 正常血压：收缩压为90~139mmHg，舒张压为60~89mmHg。
- 高血压：收缩压高于或等于140mmHg，同时舒张压高于或等于90mmHg。

代码

```
1   #include <iostream>
2   using namespace std;
3
4   int main(){
5
6       double systolicPressure,diastolicPressure;
7       cout << "请输入收缩压：";
8       cin >> systolicPressure;
9       cout << "请输入舒张压：";
10      cin >> diastolicPressure;
11
12      if(systolicPressure < 90 && diastolicPressure < 60){
13          cout << "注意:血压偏低了！";
14      }
15      else if(systolicPressure >= 140 && diastolicPressure >= 90){
16          cout << "注意:血压偏高了！";
17      }
18      else if(systolicPressure >= 90 && systolicPressure < 140 &&
            diastolicPressure >= 60 && diastolicPressure < 90){
19          cout << "血压正常！";
20      }
21      else{
22          cout << "不在范围内，请重新测量或咨询医生。";
23      }
24
25      return 0;
26  }
```

运行程序：

请输入收缩压：130
请输入舒张压：80
血压正常！

（1）

if (   ) {   }
else if (   ) {   }
else if (   ) {   }
else {   }

通过if-else if-else将血压的多种情况（低血压、高血压、正常、其他）进行分析判断。

（2）systolicPressure < 90 && diastolicPressure < 60。

运用**拆分法**来理解这段代码，将它拆解成3部分：systolicPressure < 90、&&、diastolicPressure < 60。

拆解法助力理解

如何运用拆解法帮助我们理解呢？拆解到你能够理解和分段的最小单元。

例如：

拆解到systolicPressure < 90就已经可以理解了，不需要继续拆解了。如果之前我们没有学习关系表达式，还可以继续拆解成systolicPressure、<、90。

拆解完成后，再反向组合去理解，最后回到没有拆解的状态。

① systolicPressure < 90：将输入的systolicPressure和90进行比较，如果systolicPressure小于90，则条件成立（true）；如果systolicPressure大于或等于90，则条件不成立（false）。

② && 这个符号我们并不认识，它是我们这次要学习的知识点。暂时放一放，先将拆解部分中可以理解的消化掉。

③ diastolicPressure < 60：将输入的diastolicPressure和60进行比较，如果diastolicPressure小于60，则条件成立（true）；如果diastolicPressure大于或等于60，则条件不成立（false）。

特别要注意，小于不成立的时候，不仅有大于，还有一个等于的情况需要考虑。

通过systolicPressure < 90 && diastolicPressure < 60这段代码的判断，我们就可以判定血压是低血压。再结合低血压的判断条件（**低血压：收缩压低于90mmHg同时舒张压低于60mmHg**），我们大胆地猜测一下**&&**的意思就是**同时**，表示两个条件要同时满足。

例如systolicPressure=100、diastolicPressure=50，systolicPressure不满足小于90，diastolicPressure满足小于60，但是程序不会判定为低血压，因为只满足了一个条件。

继续阅读高血压和正常血压的判定条件，理解&&的含义。

 划重点

逻辑**与**运算符&&连接两个或多个条件，只有当所有条件都成立（true）时，整个表达式才为真（true）。只要其中有一个条件不成立（false），则整个表达式就为假（false）。

条件1	true或false	条件2	true或false	条件1&&条件2（true或false）
1==1	true（1）	3!=4	true（1）	true（1）
1>2	false（0）	8>9	false（0）	false（0）
5<=9	true（1）	6%2==0	true（1）	true（1）
6>=6	true（1）	"A"=="a"	false（0）	false（0）

想要验证真和假，可以编写一个小程序帮助我们。将要判断的内容写到（）里面，运行程序，如果输出1，那么表示真，如果输出0，那么表示假。

```
1   #include <iostream>
2   using namespace std;
3
4   int main(){
5
6       cout << (1==1&&3!=4);
7       return 0;
8   }
```

成立、满足、true、1、真在逻辑判断里都表示同一个意思。

成立	满足	true	1	真
不成立	不满足	false	0	假

▼ 考试通过

学校进行了两次模拟考试，每次考试及格为60分，为了降低考生失误的情况，规定两次考试只要一次及格，就视作考试通过。现向程序输入两次考试成绩，判断考生是否通过考试。

```
代码  1    #include <iostream>
      2    using namespace std;
      3
      4    int main(){
      5
      6        float score1,score2;
      7        cout << "请输入两次考试成绩: ";
      8        cin >> score1 >> score2;
      9
      10       if(score1>=60 || score2>=60) {
      11           cout << "恭喜考试通过! ";
      12       }
      13       else {
      14           cout << "考试不通过，继续加油! ";
      15       }
      16       return 0;
      17   }
```

完成第一个分数的输入后，按下回车键输入第二个分数。

（1）**cin >> score1 >> score2**：连续输入两个值。

（2）**score1>=60 ‖ score2>=60**：通过‖连接两个或多个条件，只需要其中一个条件成立（true），则整个表达式就为真，执行输出**"恭喜考试通过! "**。

敲黑板

>=也可以理解成> ‖ ==。

score1>=60：score1大于或等于60，就是**score1>60**或**score1==60**，用‖连接表示为**score1>60 ‖ score1==60**。

划重点

逻辑**或**运算符‖连接两个或多个条件，只要其中有一个条件成立（true），则整个表达式就为真（true）。只有全部条件不成立（false），整个表达式才为假（false）。

条件1	true或false	条件2	true或false	条件1||条件2（true或false）
1==1	true（1）	3!=4	true（1）	true（1）
1>2	false（0）	8>9	false（0）	false（0）
5<=9	true（1）	6%2==0	true（1）	true（1）
6>=6	true（1）	"A"=="a"	false（0）	true（1）

▼ 工作指示灯

有一句励志的话语："生命不息，奋斗不止。"运用逻辑运算符**非**来表示，可以这样写。

```
if (!生命停止){
    奋斗
}
```

逻辑**非**运算符!将条件反着来，如果条件为真，!将其变为假；如果条件为假，!将其变为真。

条件	true或false	!条件 true或false
1==1	true（1）	false（0）
1>2	false（0）	true（1）
5<=9	true（1）	false（0）
6>=6	true（1）	false（0）

生命停止反着来是!**生命停止**，表示生命不停止——生命不息。

工作指示灯也有这种精神，工作不停灯不灭。

```
代码  1  #include <iostream>
      2  #include <string>
      3  using namespace std;
      4
      5  int main(){
      6
      7      string state;
      8      bool stop;
      9      cout << "如要停止工作请输入'停止'：";
     10      cin >> state;
```

代码

```
11
12        stop = state == "停止";
13
14        if(!stop) {
15            cout << "继续工作, 指示灯亮! ";
16        }
17        else {
18            cout << "停止工作, 指示灯熄灭! ";
19        }
20        return 0;
21    }
```

（1）bool stop：布尔类型用于表示逻辑，有两个值：true和false。
布尔类型的关键字是bool，表示为**bool 变量名**。

例如：

bool istrue = true;

bool isfalse = false;

（2）stop = state == "停止"结合!stop一起分析。

①如果输入的内容是"停止"，那么state == "停止"等于true，然后将它赋值给stop。

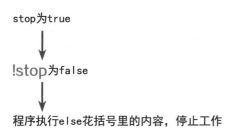

stop为true

↓

!stop为false

↓

程序执行else花括号里的内容，停止工作

②如果输入的内容不是"停止"，那么state == "停止"等于false，然后将它赋值给stop。

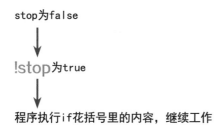

stop为false

↓

!stop为true

↓

程序执行if花括号里的内容，继续工作

敲黑板

!=也可以看作**非等于**。

6!=6→!(6==6)

▶ **巩固练习**

（1）以下哪个运算符是逻辑"或"运算符？（　　）

　　A. &&　　　　B. ||　　　　C. !　　　　D. |

（2）下面哪个语句表示"如果 x 大于10或者等于10，就执行某些操作"？（　　）

　　A. if (x > 10 || X == 10)　　　　B. if (x > 10 && x == 10)

　　C. if (x <= 10)　　　　　　　　　D. if (x > 10 || x == 10)

（3）阅读下面程序，当输入"按下"后，灯是开还是关呢？

```
1    #include <iostream>
2    using namespace std;
3    int main(){
4
5        bool isLightOn = false;
6        string onOrOff;
7        cin >> onOrOff;
8
9        if(onOrOff=="按下"){
10           isLightOn = !isLightOn;
11       }
12
13       if (isLightOn) {
14           cout << "开";
15       } else {
16           cout << "关";
17       }
18
19       return 0;
20   }
```

小精灵们聚集在港口准备乘坐快艇出海。先来到检票口，出示快艇票后进入等候区，再根据票的类型乘坐对应的快艇，普通快艇走左边通道，商务快艇走右边通道。

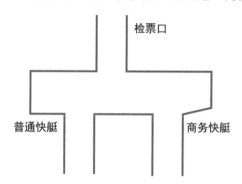

通过智能检测设备可以快速地给我们的程序输入识别码，有票输入"1"，普通快艇票输入"普通"，商务快艇票输入"商务"。现在需要编写一个程序接收识别码，并输出通道指示。

▼ 识别通道

```
代码  1   #include <iostream>
      2   using namespace std;
      3   int main(){
      4
      5       int isOk;
      6       string speedboat;
```

代码

```
7        cout << "有票请输入1: ";
8        cin >> isOk;
9
10       if(isOk==1){
11           cout << "请进！";
12           cout << "请输入票类型（普通、商务）: ";
13           cin >> speedboat;
14           if(speedboat=="普通"){
15               cout << "请走左边乘坐普通快艇。";
16           }
17           else if(speedboat=="商务"){
18               cout << "请走右边乘坐商务快艇。";
19           }
20           else{
21               cout << "请按要求输入！";
22           }
23       }
24       else{
25           cout << "请先购票！";
26       }
27       return 0;
28   }
```

运行程序：

有票请输入1: 1
请进！请输入票类型（普通、商务）: 普通
请走左边乘坐普通快艇。

快去多试试几种情况！

```
if(表达式){
    if(表达式){

    }
    else if(表达式){

    }
    else{

    }
}
else{

}
```

表达式为真，执行
嵌在里面的 if 语句

① 输入 1，满足 isOk==1，进入 if 花括号。输出"请进！"，并再次询问。输入"普通"进入以下程序：

代码
```
if(speedboat=="普通"){
    cout << "请走左边乘坐普通快艇。";
}
```

最后输出"请走左边乘坐普通快艇。"

② 运行程序：

有票请输入 1：0
请先购票！

输入 0，表达式 isOk==1 为假，进入 else 语句：

代码
```
else{
    cout << "请先购票！";
}
```

最后输出"请先购票！"

 划重点

在 if 语句中可以继续编写 if 语句，这被称为嵌套。

if语句中可以嵌套单个的if语句或多个if语句，if—else语句还可以嵌套if—else语句，特别灵活。

嵌套语句要记得缩进。

▼ 保护系统

魔法森林中有一道神奇的穿越大门，只有当大门的守卫者输入正确的账号和密码时才能进入。现在需要我们将大门的登录系统植入其中，实现神奇大门的保护系统。

难道神奇大门也接入了嵌套程序吗？

```cpp
1   #include <iostream>
2   #include <string>
3   using namespace std;
4
5   int main() {
6       string username = "fengfei";
7       string password = "19910311";
8       string inputUsername, inputPassword;
9
10      cout << "请输入用户名：";
11      cin >> inputUsername;
12
13      if (inputUsername == username) {
14          cout << "请输入密码：";
15          cin >> inputPassword;
16
17          if (inputPassword == password) {
18              cout << "神奇大门已打开！" << username << "欢迎来到魔法森林。";
19          }
20          else {
21              cout << "密码错误，请重试。";
22          }
23      }
24      else {
25          cout << "用户名不存在，请重试。";
26      }
27
28      return 0;
29  }
```

① 运行程序：

请输入用户名：admin
用户名不存在，请重试。

输入了错误的用户名，程序不进入if，而是直接跳到else，输出"用户名不存在，请重试。"

② 运行程序：

请输入用户名：fengfei
请输入密码：123456
密码错误，请重试。

输入了正确的用户名，程序进入if，然后执行密码输入程序，输入了错误的密码则进入嵌套if语句的else{}，输出"密码错误，请重试。"

③ 运行程序：

请输入用户名：fengfei
请输入密码：19910311
神奇大门已打开！fengfei欢迎来到魔法森林。

输入了正确的用户名，程序进入if，然后执行密码输入程序，输入正确密码则进入嵌套if{}，输出"神奇大门已打开！fengfei欢迎来到魔法森林。"

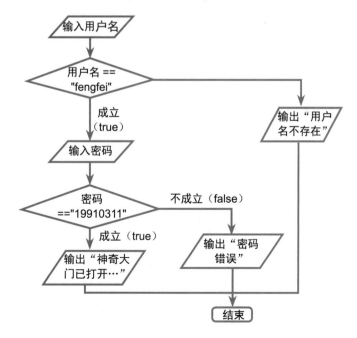

▶巩固练习

（1）阅读程序，如果将x=10改成x=30，输出结果是（　　）。

```cpp
1    #include <iostream>
2    using namespace std;
3
4    int main() {
5        int x = 10;
6
7        if (x > 5) {
8            cout << "x大于5" << endl;
9
10           if (x < 15) {
11               cout << "x小于15" << endl;
12           } else {
13               cout << "x不小于15" << endl;
14           }
15       }
16
17       return 0;
18   }
```

A. x大于5
   x大于15

B. x等于30

C. x大于5
   x不小于15

D. x大于5
   x小于15

（2）阅读以下伪代码，选择正确的执行操作。（　　）

```
if (条件1 || 条件2) {
    if (条件3) {
        执行操作A;
    } else {
        执行操作B;
    }
}
```

```
    } else {
        执行操作C；
    }
```

如果条件1为假、条件2为真、条件3为假，程序会执行哪个操作？（ ）

A．执行操作A

B．执行操作B

C．执行操作C

D．都不执行

（3）请编写一个程序，接收用户输入的整数，并判断该整数的性质。程序应包括以下功能：

①提示用户输入一个整数。

②如果输入的整数是正数，程序应输出 "这是一个正数。"，并进一步判断是偶数还是奇数，输出相应的信息。

③如果输入的整数是负数，程序应输出"这是一个负数。"。

④如果输入的整数是零，程序应输出"这是零。"。

第20课

饭后小娱乐
(if 应用、流程图)

饭后来点小娱乐，看看谁洗碗。我们可以玩一个猜数游戏：我出个数字，你猜，然后你出个数字，我猜，最后看看谁猜的次数少。猜的次数少的人获胜，次数多的人负责洗碗。

我们设定的数字范围是1~100，假设要猜的数字是36，先说出数字范围，然后让对方猜数字，如果对方说出的数字大了，告诉他猜的数字大了；如果对方说出的数字小了，告诉他猜的数字小了，直到对方猜出正确的数字。

出题方：范围1~100。

猜数字：50。

出题方：大了。

猜数字：40。

出题方：大了。

猜数字：20。

出题方：小了。

猜数字：30。

出题方：小了。

猜数字：36。

出题方：猜对了。

一共猜了5次才猜对。

▼ 猜数字

```
1   #include <iostream>
2   using namespace std;
3   int main() {
4
5       int num, guess;
6       num = 36;
7       cout << "猜数字范围1~100。" << endl;
8       while(true) {
9           cout << "输入你猜的数字：";
10          cin >> guess;
11
12          if(guess>num) {
13              cout << "大了" << endl;
14          }
15          else if(guess<num) {
16              cout << "小了" << endl;
17          }
18          else {
19              cout << "猜对了" << endl;
20              break;
21          }
22      }
23      return 0;
24  }
```

运行程序：

猜数字范围1~100。
输入你猜的数字：50
大了
输入你猜的数字：40
大了
输入你猜的数字：20
小了
输入你猜的数字：30
小了
输入你猜的数字：36

猜对了

（1）while(true){}：圆括号里条件为true，程序将不断循环永不停止，这样就可以不停地进行猜数字游戏。

（2）break：有了它，就可以在我们猜对时终止循环。通过else，当数字刚好等于设定的数字时，执行break指令跳出循环。

翻译助力理解

● break：中断，跳出。

 划重点

为了更好地理解代码和梳理程序执行流程及其结构，可以使用流程图。流程图可以将程序的逻辑结构以可视化的方式呈现出来。

针对上面的代码，我们绘制一个流程图，并一起来学习。

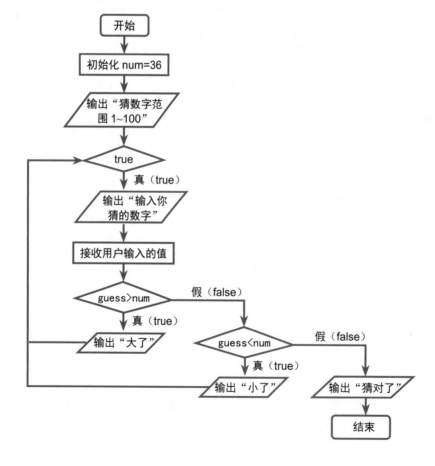

流程图的绘制有讲究呢，比如步骤或操作使用矩形，条件判断使用菱形。

符　号	名　称	含　义
▭	起止框	表示流程的开始或结束
▭	处理框	表示某一个步骤或操作，可以表示一行或一段代码
◇	判断框	表示判断，流程根据判断结果走向不同的分支
▱	输入输出框	表示输入输出流程和数据的存储
→↓	流程线	表示流程指向的方向和进展

▼ 自制计算器

运用我们所学的知识，来制作一个计算器。输入需要计算的数字和运算符，让计算器自动帮我们完成计算。

```cpp
1   #include <iostream>
2   #include <string>
3   using namespace std;
4   int main(){
5
6       float num1,num2;
7       string symbol;
8
9       while(true){
10
11          cout << "输入第一个数字：";
12          cin >> num1;
13          cout << "输入算术运算符(+、-、*、/)：";
14          cin >> symbol;
15          cout << "输入第二个数字：";
16          cin >> num2;
17
18          if(symbol=="+"){
19              cout << num1 << " + " << num2 << " = " << num1+num2 << endl;
20          }
21          else if(symbol=="-"){
22              cout << num1 << " - " << num2 << " = " << num1-num2 << endl;
23          }
```

代码

```
24            else if(symbol=="*"){
25                cout << num1 << " * " << num2 << " = " << num1*num2 << endl;
26            }
27            else if(symbol=="/"){
28                if(num2!=0)
29                    cout << num1 << " / " << num2 << " = " << num1/num2 << endl;
30                else{
31                    cout << "除数不能为零。" << endl;
32                }
33            }
34            else if(symbol=="#"){
35                cout << "结束计算！" << endl;
36                break;
37            }
38            else{
39                cout << "请输入正确的算术运算符！" << endl;
40            }
41        }
42
43        return 0;
44    }
```

运行程序：

输入第一个数字：88
输入算术运算符(+、-、*、/)：*
输入第二个数字：66
88 * 66 = 5808
输入第一个数字：98
输入算术运算符(+、-、*、/)：#
输入第二个数字：98
结束计算！

（1）while(true){}：通过while循环让计算不断进行。

（2）通过if语句，识别输入的算术运算符，进行不同的算术运算和等式输出。

（3）在进行除法运算的时候，通过if嵌套处理除数为0的情况。

代码

```
else if(symbol=="/") {
        if(num2!=0)
            cout << num1 << " / " << num2 << " = " << num1/num2 << endl;
        else{
            cout << "除数不能为零。" << endl;
        }
    }
```

流程图

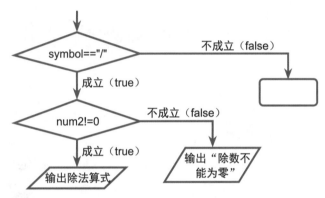

（4）break：为了让计算可以停止，特别设置了一个停止输入符"＃"，当在要求输入算术运算符时输入"＃"，就可以通过 else-if 语句执行 **break** 指令跳出循环。

哈哈，习惯了按 ＃ 键结束。

▶ 巩固练习

（1）在程序流程图中，什么形状通常表示判断？（　　）

　　A．长方形　　　　B．菱形　　　　C．圆形　　　　D．矩形

（2）流程图是一种编程语言，可以直接运行程序。（　　）√（　　）×

（3）将上述案例**自制计算器**的完整流程图绘制出来。

大写或小写（if 应用、isupper()、islower()）

> "A" 是大写还是小写呢？

> 大写，这也太简单了吧！

字母大小写的区分对我们来说太简单了，眼睛看到字母，大脑就能快速给出答案。小精灵们制作了字母饼干，需要将大写和小写字母饼干分装到不同的袋子中。

我们设计一个程序来帮帮他们吧，只需要不断地输入字母饼干上的字母，程序就能自动识别并进行分装。

▼ 识别字母大小写

每个字符都有对应的ASCII码，大写和小写字母也都有各自的ASCII码。通过ASCII的范围，我们也就可以快速地确定一个字母是大写还是小写。

```cpp
1   #include <iostream>
2   using namespace std;
3
4   int main() {
5
6       char ch;
7
8       while(true) {
9
10          cout << "请输入一个字符: ";
11          cin >> ch;
12          if (ch >= 'A' && ch <= 'Z') {
13              cout << ch << "是大写字母" << endl;
14          }
15          else if (ch >= 'a' && ch <= 'z') {
16              cout << ch << " 是小写字母" << endl;
17          }
18          else if(ch=='#'){
19              cout << "结束";
20              break;
21          }
22          else {
23              cout << ch << " 不是字母" << endl;
24          }
25
26      }
27      return 0;
28  }
```

（1）char ch：声明一个字符变量ch。

 划重点

声明字符变量的语法如下：

char 变量名

敲黑板

对比学习：

- 字符：是C++中的基本数据类型之一，用于表示单个字符。字符用**单引号**引起来，例如'A'或'1'。

- 字符串：是一系列字符的序列，用于存储文本数据。用**双引号**引起来，例如："我是字符串！"。

（2）ch >= 'A' && ch <= 'Z'：大写字母的范围是从A~Z，即ASCII码值在该范围内就是大写字母。

（3）ch >= 'a' && ch <= 'z'：小写字母的范围是从a~z，即ASCII码在该范围内就是小写字母。

（4）面对无限循环，我总是习惯设置一个跳出条件，比如"#"。

代码
```
else if(ch=='#'){
    cout << "结束";
    break;
}
```

▼ 函数助力

代码
```
1   #include <iostream>
2   #include <cctype>
3   using namespace std;
4
5   int main() {
6
7       char ch;
8       cout << "请输入一个字母: ";
9       cin >> ch;
10
```

```
11    if (isupper(ch)) {
12        cout << ch << " 是大写字母";
13    } else if (islower(ch)) {
14        cout << ch << " 是小写字母";
15    } else {
16        cout << ch << " 不是字母";
17    }
18
19    return 0;
20 }
```

（1）isupper(ch)：判断ch是不是大写字母，如果是，则该函数返回true，否则返回false。

（2）islower(ch)：判断ch是不是小写字母，如果是，则该函数返回true，否则返回false。

▶ 巩固练习

（1）下面哪个操作符（即运算符）用于比较两个值是否相等？（　　）

    A．==　　　　　B．++　　　　　C．&&　　　　　D．=

（2）假设在一个if语句中没有提供else子句部分，那么当条件不满足时会发生什么？
（　　）

    A．程序会终止　　　　　B．程序会执行if语句之后的代码
    C．程序会等待用户输入　　　　　D．什么也不会发生

（3）将**识别字母大小写**的程序修改一番，增加数字识别功能，输入0~9后程序可以识别并输出"这是数字。"。

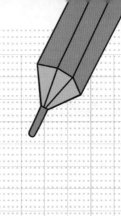

第22课

大要最大，小要最小
(if 应用、绝对值)

说出100个大于0的数字，45、68、23、456、12、9、987、768、212、678、493、2、46、61、1、74…然后找出这些数字中最大的那个。

这是考察记忆力呀！

这种脑力劳动还是交给计算机吧！

每个数字都两两比较一次就有点复杂了。但是，如果我们将输入的数字依次和之前存储的最大数字比较，每次只比较一次，也就是将大的数字存储下来并和后续输入的数字比较，一直留着最大的那个数字，就可以更简便地得到答案。

▼ 超强记忆——最大值

```
1   #include <iostream>
2   using namespace std;
3   int main(){
4
5       int num,max;
6       max = 0;
7
8       while(true){
9           cout << "请输入数字：";
10          cin >> num;
```

```
代码  11      if(num > max){
      12          max = num;
      13      }
      14      if(num == 0){
      15          cout << "最大的数字是: " << max;
      16          break;
      17      }
      18  }
      19
      20  return 0;
      21 }
```

运行程序：

请输入数字：45

请输入数字：68

请输入数字：23

请输入数字：456

请输入数字：12

请输入数字：9

请输入数字：987

请输入数字：768

请输入数字：0

最大的数字是：987

```
代码  if(num > max){
          max = num;
      }
```

将数字和已知的最大数进行比较，永远留下最大的数字，也就是赋值给max，最后输出的max就是最大值了。

▼ 绝对值

绝对值是指一个数在数轴上所对应的点到原点的距离。对于绝对值，只需要关心这个点距离原点有多远。

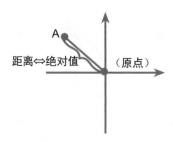

想象一下，有一个数轴，中间有一个点叫作原点。绝对值告诉我们，不管这个数字在原点的左边还是右边，都只关心它到原点的距离。例如：数字16的绝对值是16，数字−18的绝对值是18。

在数学中，求绝对值的符号通常用竖线符号| |表示，例如|16|、|−18|。

```
1    #include <iostream>
2    using namespace std;
3    int main() {
4
5        double number,absoluteValue;
6        cout << "请输入一个数字：";
7        cin >> number;
8
9        // 使用条件语句计算绝对值
10       if (number >= 0) {
11           absoluteValue = number;
12       } else {
13           absoluteValue = -number;
14       }
15       cout << number << "的绝对值是："<< absoluteValue;
16
17       return 0;
18   }
```

运行程序：

请输入一个数字：−3.14
−3.14的绝对值是：3.14

如果输入的数字大于或等于0，则绝对值就是数字本身。如果输入的数字小于0，则绝对值需要将负数的符号去掉（即为相反数）。正负号相反的两个数互为相反数。相反数的性质是它们的绝对值相同。例如，−5和5互为相反数，它们的绝对值都为5。

▶ 巩固练习

（1）绝对值是什么？（　　）

     A．一个数的平方

     B．一个数的符号

     C．一个数到原点的距离

     D．一个数的立方

（2）number >= 0可以换成以下哪个选项？（　　）

     A．number >0 && number == 0

     B．！(number<0)

     C．number >0 || number = 0

     D．number < 0

（3）班上有10名学生，他们的数学分数（满分100分）是98、45、69、89、96、85、92、78、88和95。编写一个程序，输入分数后找出这些分数中的最低分。

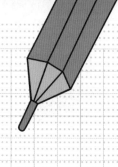

第23课

排高矮（if 应用、排序）

我身高 103cm。

我身高 100cm。

我身高 116cm。

请按高矮顺序排队。

　　将3位小精灵的身高输入系统，输出身高排序。排序是一种超酷的算法，在今后我们经常会遇到各种排序，例如冒泡排序、插入排序、选择排序、桶排序等。

▼ 高矮排序

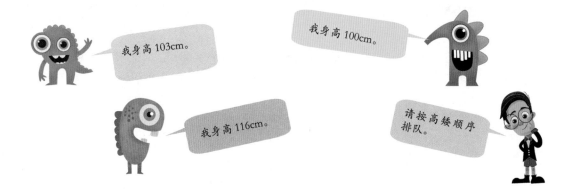

```
代码
1    #include <iostream>
2    using namespace std;
3    int main() {
4
5        double num1, num2, num3, temp;
6
7        cout << "请输入3个数字: " << endl;
```

```
8      cin >> num1 >> num2 >> num3;
9
10     if (num1 > num2) {
11         temp = num1;
12         num1 = num2;
13         num2 = temp;
14     }
15     if (num2 > num3) {
16         temp = num2;
17         num2 = num3;
18         num3 = temp;
19     }
20     if (num1 > num2) {
21         temp = num1;
22         num1 = num2;
23         num2 = temp;
24     }
25
26     cout << "升序排序后的数字: " << num1 << "<" << num2 << "<" << num3;
27
28     return 0;
29 }
```

运行程序：

请输入3个数字：

103

116

100

升序排序后的数字：100<103<116

（1）**cin >> num1 >> num2 >> num3**：依次输入3个数字103、116、100，分别赋值给变量num1、num2、num3。

（2）**num1 > num2**：将**103**和**116**进行比较，如果num1大于num2，则将num1的值和num2互换一下，确保矮的在前面。

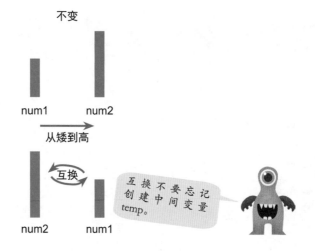

互换：

```
temp = num1;
num1 = num2;
num2 = temp;
```

先将num1的值暂存在变量temp中，再将num2的值赋值给num1，最后将存在temp中的原num1的值赋值给num2。这就实现了变量num1和num2值的互换。

103与116比较后不用换，因为是从矮到高进行排序。

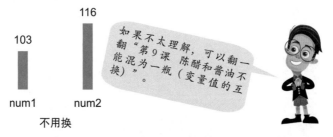

通过num1和num2的比较，完成这两个身高的排序，下面对互换后的num2和num3进行比较。同样地，如果num2的值大于num3的值，则将它们的值也互换一下。

116与100比较后需要互换：

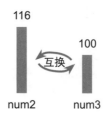

这样是不是就结束了呢？

总觉得不对，这样只能保证最大的数字放到了最右边。

新的num1和新的num2还需要进行比较。

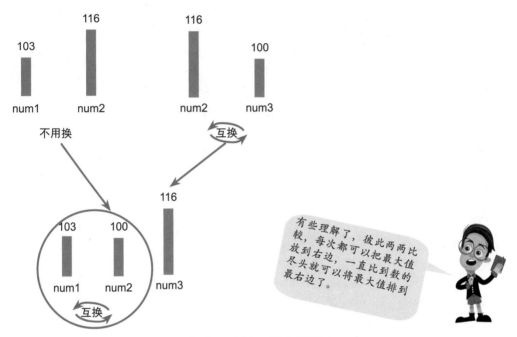

互换后得到100<103<116，完成了小精灵的高矮排序。

▶ 提出思考

如果想把最小的数字放到右边呢？

有了，由大变小。

```cpp
1   #include <iostream>
2   using namespace std;
3   int main() {
4
5       double num1, num2, num3,temp;
6
7       cout << "请输入3个数字: " << endl;
8       cin >> num1 >> num2 >> num3;
9
10      if (num1 < num2) {
11          temp = num1;
12          num1 = num2;
```

```
代码  13            num2 = temp;
      14        }
      15        if (num2 < num3) {
      16            temp = num2;
      17            num2 = num3;
      18            num3 = temp;
      19        }
      20
      21        cout << "把最小的数字放到最右边: " << num1 << "--" << num2 << "--" <<
          num3;
      22
      23        return 0;
      24    }
```

① 运行程序：

请输入3个数字：

3. 14

12. 2

8. 86

把最小的数字放到最右边：12. 2--8. 86--3. 14

② 运行程序：

请输入3个数字：

98

120

148

把最小的数字放到最右边：120--148—98

输入两组不同的数字，都将最小的数字排到了最右边。

 敲黑板

num1与num2比较：**num1** ？ **num2**。

满足大于条件，执行互换，是将大的数换到右边。

满足小于条件，执行互换，是将小的数换到右边。

但是如果将num2与num1进行比较呢？ **num2** ？ **num1**。

需要考虑两方面：一是原来数字的位置；二是满足条件进行互换后的位置。

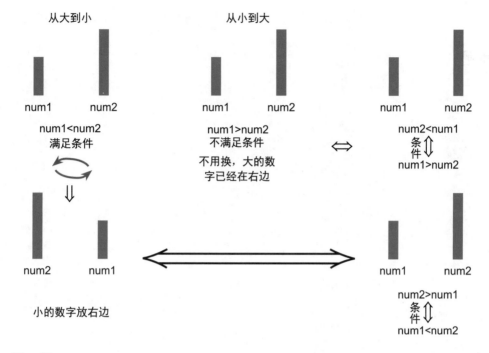

想一想

按照这个逻辑，如果输入8个数字，请问要比较几次才能找出最大值呢？

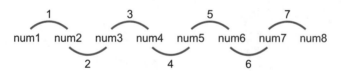

▶ **巩固练习**

（1）以下哪个选项可以实现将变量a和b的数值互换？（   ）

A.

temp = a；

a = b；

b = temp；

B.

a = b；

b = a；

C.

temp = b；

a = b；

b = temp；

D.

temp = a；

b = temp；

a = b；

（2）运行以下程序，输入3个数字36、89、12，填写最后输出的结果。

代码

```
1   #include <iostream>
2   using namespace std;
3   int main() {
4
5       double num1, num2, num3, temp;
6
7       cout << "请输入3个数字: " << endl;
8       cin >> num1 >> num2 >> num3;
9
10      if (num1 > num2) {
11          temp = num1;
12          num1 = num2;
13          num2 = temp;
14      }
15      if (num3 < num2) {
16          temp = num2;
17          num2 = num3;
18          num3 = temp;
19      }
20      if (num2 < num1) {
21          temp = num1;
22          num1 = num2;
23          num2 = temp;
24      }
25
26      cout << "最后的顺序: " << num1 << "--" << num2 << "--" << num3;
27
28      return 0;
29  }
```

输出：＿＿＿＿＿＿＿＿＿＿＿＿＿＿＿＿＿＿＿＿＿＿

（3）阅读下面的程序代码和想要输出结果，完善程序。

```
1    #include <iostream>
2    using namespace std;
3    int main() {
4
5        double num1, num2, num3, num4, temp;
6
7        cout << "请输入4个数字: " << endl;
8        cin >> num1 >> num2 >> num3 >> num4;
9
10       if (num1 _____ num2) {
11           temp = num1;
12           num1 = num2;
13           num2 = temp;
14       }
15       if (num2 _____ num3) {
16           temp = num2;
17           num2 = num3;
18           num3 = temp;
19       }
20       if (num3 _____ num4) {
21           _____
22           _____
23           _____
24
25
26
27       }
28
29       cout << "输出最大值: " << num4;
30
31       return 0;
32   }
```

第24课

复杂的阶梯价（阶梯计价、多情况）

电话亭可是小本生意，需要精确计算通话时长来结算费用。不通话不收费，从接通开始计时，通话时长两分钟以内收1.5元，超出2分钟每分钟按0.2元收费。（不足一分钟按一分钟计算）

为了帮助电话亭老板结算费用，确保不出错，考虑各种情况编写一个话费计算程序。

电话费

```
1   #include <iostream>
2   using namespace std;
3   int main(){
4
5       int minute=0;
6       int second=0;
7       cout << "输入通话时长（分钟），计算话费。" << endl;
8       cout << "输入分钟数：";
9       cin >> minute;
10      cout << "输入秒钟数：";
11      cin >> second;
12
13      if(second > 0){
14          minute = minute + 1;
15      }
```

```
代码  16        if(minute == 0 ){
      17            cout << "0";
      18        }
      19        else if(minute < 2){
      20            cout << "1.5";
      21        }
      22        else{
      23            cout << (minute - 2) * 0.2 + 1.5;
      24        }
      25        return 0;
      26  }
```

运行程序：

输入通话时长（分钟），计算话费。
输入分钟数：6
输入秒钟数：20
2.5

（1）计算通话时长，一共通话6分钟20秒，根据不足1分钟按1分钟计算，通话时长总计7分钟。超过2分钟，先计算超出部分费用，（7-2）×0.2=1（元），再加上2分钟的费用1.5元，总计2.5元。

（2）

```
代码  if(second > 0){
          minute = minute + 1;
      }
```

当秒数大于0时，按照1分钟计算，分钟数加1。

（3）有一个情况特别容易被忽略，那就是没有接通的时候。分钟数为0，秒钟数也为0，这个时候计费为0。

```
代码      if(minute == 0 ){
          cout << "0";
      }
```

遇到问题，一定要考虑全面，特别是一些临界情况。

▼ 阶梯电费

另外，为了鼓励大家节约用电，设置了一套按月用电量计费的3档收费方式：第一档是0~200度，每度电费0.4983元；第二档是201~400度，超出部分每度电费0.5483元；第三档是401度以上，超出部分每度电费0.7983元。

为了鼓励大家错峰用电，又设计了一套按用电时间错峰计费的方式：14:00-17:00、19:00-22:00为高峰电价，0.9857元/度；8:00-14:00、17:00-19:00、22:00-24:00为平时电价，0.6021元/度；0:00-8:00为低谷电价，0.3070元/度。

现在输入不同时段的用电量，计算哪套方案更优惠。

```
1    #include <iostream>
2    using namespace std;
3    int main(){
4
5        double e1,e2,e3,e,total1,total2;
6        cout << "请输入14:00-17:00、19:00-22:00时段的用电量：";
7        cin >> e1;
8        cout << "请输入8:00-14:00、17:00-19:00、22:00-24:00时段的用电量：";
9        cin >> e2;
10       cout << "请输入0:00-8:00时段的用电量：";
11       cin >> e3;
12
13       e = e1 + e2 + e3;
14       total2 = e1 * 0.9857 + e2 * 0.6021 + e3 * 0.3070;
15
16       if(e==0){
17           total1 = 0;
18       }
19       else if(e<201){
20           total1 = 0.4983 * e;
21       }
22       else if(e>=201 && e<401){
23           total1 = 200 * 0.4983 + (e - 200) * 0.5483;
```

```
24  │ ⌐      }
25  │ ⌐    else{
26  │          total1 = 200 * 0.4983 + 200 * 0.5483 + (e - 400) * 0.7983;
27  │ └    }
28  │
29  │ ⌐    if(total1 < total2){
30  │          cout << "第一套方案收费：" << total1 << "。第二套方案收费：" <<
31  │          total2 <<"。第一套方案更实惠！";
    │ └    }
32  │ ⌐    else if(total1 > total2){
33  │          cout << "第一套方案收费：" << total1 << "。第二套方案收费：" <<
    │          total2 <<"。第二套方案更实惠！";
34  │ └    }
35  │ ⌐    else{
36  │          cout << "第一套方案收费：" << total1 << "。第二套方案收费：" <<
    │          total2 <<"。第一二套方案收费一样！";
37  │ └    }
38  │      return 0;
39  │ └ }
```

运行程序：

请输入14:00-17:00、19:00-22:00时段的用电量：200

请输入8:00-14:00、17:00-19:00、22:00-24:00时段的用电量：11

请输入0:00-8:00时段的用电量：100

第一套方案收费：160.521。第二套方案收费：234.463。第一套方案更实惠！

（1）同样记得考虑用电量为0的情况。

（2）阶梯价计算，记得按照超出部分进行计算，而不是按照总电量进行计算。

total1 = 200 * 0.4983 + 200 * 0.5483+(e-400)*0.7983：200度以内按照单价0.4983计算，超出200度不到400度部分按照单价0.5483计算，超出400度（e−400）按照单价0.7983计算。

▶ 巩固练习

（1）假设有两个布尔变量x和y，它们的值分别为真（true）和假（false），那么表达式 x ‖ !y 的值是什么？（　　）

　　A．真（true）　　　　B．假（false）　　　　C．无法确定　　　　D．错误

（2）哪个条件语句用于执行一组语句，只要条件为真（true）就会一直执行，直到条件变为假（false）？（　　）

        A．if   B．while   C．for   D．switch

（3）某城市的出租车收费标准如下：

● 平常时段（非高峰期）：起步价3公里以内收费10元，超过3公里后每公里收费2.5元。

● 高峰时段（早晚高峰，时段为7:00-9:00和16:00-18:00）：起步价3公里以内收费15元，超过3公里后每公里收费3元。（早晚高峰只需要考虑发车时间）

编写一个程序，根据输入的公里数和出行时间计算出租车的费用。要求用户依次输入出行的公里数和出行的时间，程序根据收费标准计算费用并输出。

示例：

请输入出行的公里数：6

请输入出行的时间（24小时制）：8

出租车费用为：24元

如果9点整上车出发，你觉得算高峰出行吗？

第25课

古老的三角形王国
（if 嵌套应用）

在古老的三角形王国里，传说根据三条边的长度可以解密神话。热爱探索的精灵构建了一个程序，希望通过这个程序可以揭开三条边的神秘面纱。快来一起试试看，三条边的组合都有哪些神奇之处。

▼ 识别三角形

```
1    #include <iostream>
2    #include <cmath>
3    using namespace std;
4    int main(){
5        int sl1,sl2,sl3;
6        cout << "请输入3条边长： " << endl;
7        cin >> sl1 >> sl2 >> sl3;
8
9        if(sl1 + sl2 > sl3 && sl2 + sl3 > sl1 && sl1 + sl3 > sl2){
10           if(sl1==sl2 || sl2==sl3 || sl1==sl3){
11               if(sl1==sl2 && sl2==sl3){
```

代码

```
12          cout << "这是一个等边三角形！";
13      }
14      else if((pow(sl1,2)+pow(sl2,2)==pow(sl3,2)) || (pow(sl2,2)+pow
        (sl3,2)==pow(sl1,2)) || (pow(sl1,2)+pow(sl3,2)==pow(sl2,2))){
15          cout << "这是一个等腰直角三角形！";
16      }
17      else{
18          cout << "这是一个等腰三角形！";
19      }
20  }
21  else if((pow(sl1,2)+pow(sl2,2)==pow(sl3,2)) || (pow(sl2,2)+pow(sl
    3,2)==pow(sl1,2)) || (pow(sl1,2)+pow(sl3,2)==pow(sl2,2))){
22      cout << "这是一个直角三角形！";
23  }
24  else{
25      cout << "这是一个三角形！";
26  }
27  }
28  else{
29      cout << "无法组成一个三角形。";
30  }
31
32  return 0;
33 }
```

运行程序：

请输入3条边长：

3

4

5

这是一个直角三角形！

（1）怎样的3条边才能组成三角形呢？任意两条边之和大于第三条边。

sl1 + sl2 > sl3、sl2 + sl3 > sl1、sl1 + sl3 > sl2，因为是任意两条边之和都大于第三边，也就意味着这3个条件都需要满足。

用逻辑与（&&）连接，**sl1 + sl2 > sl3 && sl2 + sl3 > sl1 && sl1 + sl3 > sl2**，满足这3个条件就能组成三角形。

（2）满足组成三角形的条件后，在里面嵌套一个if语句，进一步看看还有可能是什么样的三角形。

- 只要任意两条边相等就是等腰三角 →sl1==sl2 ‖ sl2==sl3 ‖ sl1==sl3，此时用 ‖ 连接，表示满足任意两条边相等即可。
- 如果满足三条边都相等，这就是等边三角形→sl1==sl2 && sl2==sl3，同时满足用&&连接各个条件。
- 还有一种直角三角形，只需任意两条边的平方和等于第三条边的平方→(pow(sl1,2)+pow(sl2,2)==pow(sl3,2)) ‖ (pow(sl2,2)+pow(sl3,2)==pow(sl1,2)) ‖ (pow(sl1,2)+pow(sl3,2)==pow(sl2,2))，只需要满足一个条件即可，用‖连接。

试着用流程图分析一下程序：

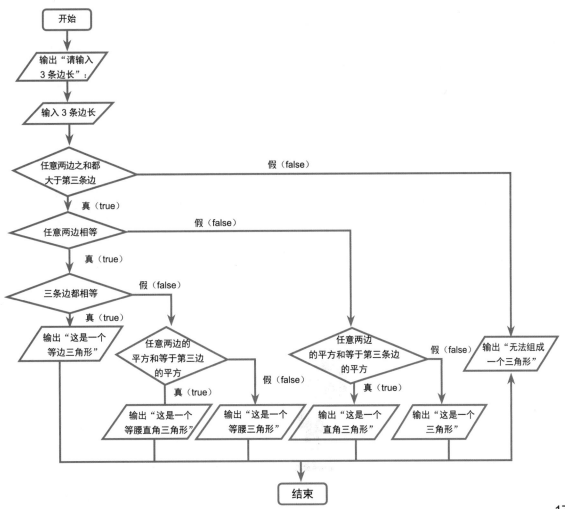

▶ 巩固练习

（1）下面哪个运算可以用于计算一个数的平方？（　）

　　A．** 　　　　　　B．^ 　　　　　　C．/ 　　　　　　D．pow( )

（2）假设有以下代码段：

```
1   #include <iostream>
2   #include <cmath>
3   using namespace std;
4   int main(){
5
6       int x = 5;
7       int y = 25;
8       int z = 625;
9       bool result = (pow(x, 4) >= z) && (y/x==x) || !(x*y*x<=z);
10      cout << result;
11      return 0;
12  }
```

运行程序后的输出结果是什么？（　　）

　　A．true 　　　　　B．false 　　　　　C．1 　　　　　D．0

（3）编写一个程序，要求用户输入3个角度的度数，然后判断这3个角度是否可以构成一个三角形。如果可以构成三角形，根据以下规则输出结果：

● 如果有一个角大于90度，输出"这是一个钝角三角形"。

● 如果有一个角等于90度，输出"这是一个直角三角形"。

● 如果三个角度都小于90度，输出"这是一个锐角三角形"。

● 如果输入的角度之和不等于180度，输出"无法构成三角形"。

角度可能有小数。

投票计数器（三目运算符）

在编程小镇居民大会上，居民们需要进行关于是否建设一个新图书馆的投票。这个决定对小镇的未来非常重要，因此每个居民都要表达自己的意见。为了确保投票过程的简便和透明，小镇决定使用一款高科技的投票计数器程序。

y or n

居民们都聚集在大厅里，紧张而兴奋地等待投票的开始。

主持人站在舞台上，向大家宣布：

"亲爱的居民们，欢迎参加投票大会！我们将决定是否建设一座新的图书馆。为了确保每个人都有机会表达自己的意见，将使用一款投票计数器程序来记录投票结果。"

"现在，请大家拿出投票卡，并在上面输入你们的选择：'y'表示赞成，'n'表示反对，其他表示弃权。程序会自动记录大家的投票结果。等大家都投完，我将按下'q'键退出投票，进行票数统计并公布。"

▶ 温故知新

```
代码  1   #include <iostream>
      2   using namespace std;
      3   int main(){
      4
      5       char vote;
      6       int agree,disagree,abstention;
```

代码

```
7        agree = 0;
8        disagree = 0;
9        abstention = 0;
10       cout << "开始投票: " << endl;
11
12       while(true){
13
14           cin >> vote;
15           if(vote=='y'){
16               agree++;
17           }
18           else if(vote=='n'){
19               disagree++;
20           }
21           else if(vote=='q'){
22               break;
23           }
24           else{
25               abstention++;
26           }
27
28       }
29       cout << "赞同票数: " << agree << " 不赞同票数: " <<  disagree << " 弃
         权票数: " << abstention;
30       return 0;
31   }
```

运行程序:

开始投票:

y

y

n

z

y

n

q

赞同票数: 3 不赞同票数: 2 弃权票数: 1

（1）运用if‐else if‐else针对不同的输入字符进行票数统计。

（2）++表示自加加，如果输入的是y，那么agree增加1；如果输入的是n，那么disagree增加1；如果输入的是q，那么执行break跳出循环；输入其他内容视为弃权。

▼ 奇数偶数新写法

```
1  #include <iostream>
2  using namespace std;
3  int main(){
4
5      int num;
6      while(true){
7          cout << "输入数字: ";
8          cin >> num;
9          num % 2 == 0 ? cout << "这是偶数" << endl : cout << "这是奇数"
               << endl;
10     }
11     return 0;
12 }
```

划重点

对比学习if‐else和？：。

if-else：

```
if (num % 2 == 0){
    cout << "这是偶数" << endl;
}
else{
    cout << "这是奇数" << endl;
}
```

三目运算符？：：

```
num % 2 == 0 ? cout << "这是偶数" << endl : cout << "这是奇数" << endl
```

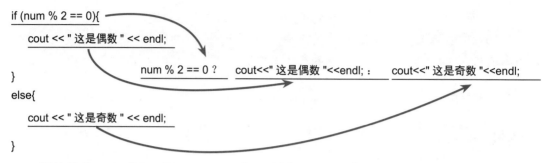

语法结构：condition ? true_expression : false_expression。

翻译助力理解

● condition：条件。

● expression：表达式。

语法结构：条件?条件为true执行此表达式或语句：条件为false执行此表达式或语句。

三目运算符的嵌套

```
代码  1   #include <iostream>
      2   using namespace std;
      3   int main(){
      4
      5       char vote;
      6       int agree,disagree,abstention;
      7       agree = 0;
      8       disagree = 0;
      9       abstention = 0;
     10       cout << "开始投票: " << endl;
     11
     12       while(true){
     13
     14           cin >> vote;
     15           if (vote == 'q'){
     16               break;
```

代码

```
17              }
18                  vote == 'y' ? agree++ : (vote == 'n' ? disagree++ : abstention++);
19
20              }
21          cout << "赞同票数: " << agree << " 不赞同票数: " <<  disagree <<
            " 弃权票数: " << abstention;
22          return 0;
23      }
```

if-else if-else替换成三目运算符的嵌套

①if-else if-else:

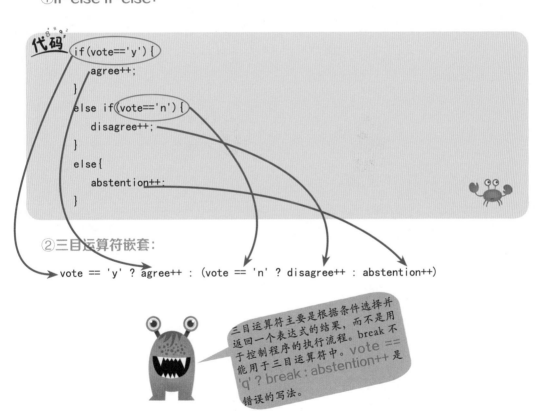

代码

```
if(vote=='y'){
    agree++;
}
else if(vote=='n'){
    disagree++;
}
else{
    abstention++;
}
```

②三目运算符嵌套:

vote == 'y' ? agree++ : (vote == 'n' ? disagree++ : abstention++)

三目运算符主要是根据条件选择并返回一个表达式的结果,而不是用于控制程序的执行流程。break 不能用于三目运算符中。vote == 'q' ? break : abstention++ 是错误的写法。

▶ 巩固练习

（1）三目运算符的结构格式是什么？（   ）

    A．if (condition) { statement1 } else { statement2 }

    B．condition ? statement1 : statement2

    C．while (condition) { statement }

    D．for (int i = 0; i < 10; i++) { statement }

（2）下面哪个语句是使用三目运算符来计算一个数的绝对值？（   ）

    A．int absValue = num < 0 ? −num : num;

    B．int absValue = num > 0 ? −num : num;

    C．int absValue = num + 1 ? −num : num;

    D．int absValue = num ? −num : num;

（3）运用三目运算符编写一个C++程序，接收用户输入的一个字符。如果输入的字符是大写字母，则将它转换为小写字母；如果输入的字符不是大写字母，则保持不变。输出最后得到的字符。

到底选择if还是三目运算符，主要看你觉得怎么编写更顺畅，代码阅读更便捷。

第27课

匹配翻译（switch）

在编程小镇发展还不成熟的年代，村民们对翻译充满浓厚兴趣。他们不断思索如何将外来的语言翻译成自己的语言，为此深入研究了字典和语法书，但发现这样的方法过于烦琐，不适用于实际快速的翻译。此时，一位神秘的翻译师出现了，据说他拥有一种可以直接翻译不同语言的能力。

翻译师向村民们介绍了一种基于匹配翻译的技术。这项技术使用事先准备好的词典和短语表，将外语文本中的词汇与本地语言的对应词进行匹配，以实现翻译。

村民们借助这个原理，创建了一个星期翻译程序，只需要输入1~7的数字，程序就可以根据预先设定的匹配规则将数字转换为对应的中文和英文。

▼ 星期几

```
1    #include <iostream>
2    using namespace std;
3
4    int main() {
5        cout << "请输入星期，用数字表示：" << endl;
6        int day;
7        string translatedDay;
8        cin >> day;
9
10       // 使用switch语句进行翻译
11       // 根据输入值进行匹配
```

代码

```
12    switch (day) {
13        case 1:
14            translatedDay = "星期一 (Monday)";
15            break;
16        case 2:
17            translatedDay = "星期二 (Tuesday)";
18            break;
19        case 3:
20            translatedDay = "星期三 (Wednesday)";
21            break;
22        case 4:
23            translatedDay = "星期四 (Thursday)";
24            break;
25        case 5:
26            translatedDay = "星期五 (Friday)";
27            break;
28        case 6:
29            translatedDay = "星期六 (Saturday)";
30            break;
31        case 7:
32            translatedDay = "星期日 (Sunday)";
33            break;
34        default:
35            translatedDay = "翻译失败！";
36    }
37
38    cout << translatedDay << endl;
39    return 0;
40 }
```

运行程序：

请输入星期，用数字表示：
3
星期三（Wednesday）

翻译助力理解

● switch: 转换、开关。

- case：情况、案例、事例。
- default：默认。

（1）**switch (day)**：switch是一位任务分配官，它根据传入圆括号里的数据来寻找匹配的case。程序依次核对用户输入的数字是否与case中指定的数字匹配，如果匹配成功，则程序执行对应case里的代码块；如果匹配不成功，则继续向下寻找新的case。

（2）**break**：每个case后面都有一个break语句，它的作用是告诉程序在执行完相应的代码后停止switch语句。如果没有break语句，那么程序将继续执行后续的case，这可能会导致错误的结果。

（3）**default**：如果用户输入的数字没有与任何一个case匹配，程序将执行default情况下的代码块，这里是将translatedDay设置为"翻译失败！"。如果没有**default**，也没有匹配的**case**，则直接结束程序。

 划重点

switch的语法结构：

```
代码
      switch (expression) {
          case value1:
              // 当 expression 等于 value1 时, 执行这里的代码
              break;
          case value2:
              // 当 expression 等于 value2 时, 执行这里的代码
              break;
          case value3:
              // 当 expression 等于 value3 时, 执行这里的代码
              break;
              // 可以有更多的 case...
          default:
              // 如果没有任何一个 case 匹配, 执行这里的代码
      }
```

switch关键字用于声明一个switch语句。

程序会先计算expression表达式的值，然后从第一个case向下匹配后面跟着的值，如果匹配上了就执行case中的代码，执行完成后通过break结束任务；如果不匹配就继续向下寻找新的case。如果case都不能匹配上expression表达式的值，则执行**default**里的语句。

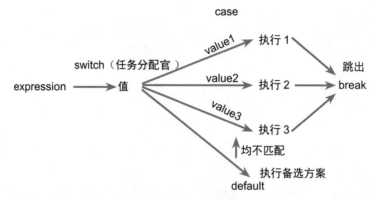

switch是一位任务分配官，他根据表达式的值从case小伙伴中寻找最能承担任务的那位。哪位case可以匹配上表达式的值，就说明那位case最能承担。找到匹配的case后，通过break告诉其他case，不用等待了。

如果最终没有找到合适的case，分配官就会启动他的备选方案，让default来完成任务。

▶ 巩固练习

（1）在switch语句中，每个case后面通常会有什么关键字来避免继续执行下一个case？（　　）

　　　A．exit；　　　　　B．quit；　　　　　C．break；　　　　　D．stop；

（2）阅读以下程序：

```cpp
1  #include <iostream>
2  using namespace std;
3
4  int main() {
5      char grade;
6      cout << "请输入成绩（A、B、C、D、F）: " << endl;
7      cin >> grade;
8
9      switch (grade) {
10         case 'A':
11             cout << "优秀" << endl;
12             break;
```

```
代码  13          case 'B':
      14              cout << "良好" << endl;
      15              break;
      16          case 'C':
      17              cout << "中等" << endl;
      18              break;
      19          case 'D':
      20              cout << "及格" << endl;
      21              break;
      22          case 'F':
      23              cout << "不及格" << endl;
      24              break;
      25          default:
      26              cout << "无效的输入！" << endl;
      27      }
      28
      29      return 0;
      30  }
```

看看这些输入分别会输出什么？

①B _____

②d _____

③Z _____

（3）完成了星期程序后，村民们想使用switch语句将用户输入的数字（1~12）转换为对应的月份并输出。如果用户输入无效数字，则显示错误消息。请你来帮村民编写这段程序。

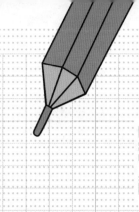

第28课

从青铜到王者（switch深入、对比）

满分100分的考试成绩出来了，现在需要对分数进行等级划分。分数100~90定为A，89~80为B，79~70为C，69~60为D，60分以下是E。

下面试着用switch完成程序，将输入的得分转换成等级。

▶ 温故知新

```
1   #include <iostream>
2   using namespace std;
3   int main() {
4       int score;
5       char grade;
6
7       while(true) {
8           cout<<"请输入考试得分:";
9           cin>>score;
10
11          if(score>=0 && score<=100) {
12              score = score/10;
13              switch(score) {
14                  case 10:
15                      grade='A';
16                      break;
```

```
17          case 9:
18              grade='A';
19              break;
20          case 8:
21              grade='B';
22              break;
23          case 7:
24              grade='C';
25              break;
26          case 6:
27              grade='D';
28              break;
29          case 5:
30              grade='E';
31              break;
32          case 4:
33              grade='E';
34              break;
35          case 3:
36              grade='E';
37              break;
38          case 2:
39              grade='E';
40              break;
41          case 1:
42              grade='E';
43              break;
44          case 0:
45              grade='E';
46              break;
47      }
48      cout << "等级是:" << grade << endl;
49  }
50  else{
51      cout << "输入有误！";
52  }
53
```

代码 54
55
56

```
        }
        return 0;
    }
```

运行程序：

请输入考试得分：100

等级是：A

请输入考试得分：68

等级是：D

请输入考试得分：

（1）score>=0 && score<=100：用于排除错误分数，满分是100分，那么得分最低是0分，最高是100分。

（2）score = score/10：用于获取得分的十位数，因为score是整数类型，所以98 ÷ 10 会得到9。

（3）穷举出所有分数除以10可能得到的商的结果，并通过case来匹配。

▶ 提出思考

相同的代码可以优化吗？

代码

```
    case 5:
        grade='E';
        break;
    case 4:
        grade='E';
        break;
    case 3:
        grade='E';
        break;
    case 2:
        grade='E';
        break;
    case 1:
        grade='E';
        break;
    case 0:
        grade='E';
        break
```

试试将执行相同指令的case进行合并。

```cpp
1    #include <iostream>
2    using namespace std;
3    int main() {
4        int score;
5        char grade;
6
7        while(true) {
8            cout<<"请输入考试得分:";
9            cin>>score;
10
11           if(score>=0 && score<=100) {
12               score = score/10;
13               switch(score) {
14                   case 10:
15                   case 9:
16                       grade='A';
17                       break;
18                   case 8:
19                       grade='B';
20                       break;
21                   case 7:
22                       grade='C';
23                       break;
24                   case 6:
25                       grade='D';
26                       break;
27                   case 5:
28                   case 4:
29                   case 3:
30                   case 2:
31                   case 1:
32                   case 0:
33                       grade='E';
34                       break;
35               }
36               cout << "等级是:" << grade << endl;
```

```
37              }
38              else{
39                  cout << "输入有误！";
40              }
41
42          }
43      return 0;
44  }
```

将执行相同指令的case叠加在一起，可以增强代码的阅读性和编写的便捷性。
合并后的结构如下：

```
case value1:
case value2:
...
...
        执行语句;
        break;
```

这样方便多了！

▼ 从青铜到王者

在一个赛季的比赛中，刚进入比赛的选手称为青铜，连胜10场的选手称为白银，连胜20场的选手称为黄金，连胜30场的选手称为钻石，连胜60场的选手称为王者，连胜满100场的选手将直接进入下一个赛季。

试着编写代码，看看哪些场次可以合并case。

```
1   #include <iostream>
2   using namespace std;
3   int main() {
4       int num;
5       cout << "请输入连胜场数：";
6       cin >> num;
7       if(num>=0 && num<=100){
8           switch (num/10) {
9           case 0:
10              cout << "青铜";
```

代码

```
11              break;
12          case 1:
13              cout << "白银";
14              break;
15          case 2:
16              cout << "黄金";
17              break;
18          case 3:
19          case 4:
20          case 5:
21              cout << "钻石";
22              break;
23          case 6:
24          case 7:
25          case 8:
26          case 9:
27          case 10:
28              cout << "王者";
29              break;
30          }
31      }
32      else{
33          cout << "输入错误，请重新输入！";
34      }
35      return 0;
36  }
```

运行程序：

请输入连胜场数：89
王者

▶ 巩固练习

（1）阅读以下程序代码，当输入数字1时，程序的输出结果是（　　）。

```
代码   1    #include <iostream>
       2    using namespace std;
       3    int main() {
       4
       5        int num;
       6        cout << "请输入执行第几步：";
       7        cin >> num;
       8
       9        switch(num) {
      10            case 1:
      11                cout << "已完成第一步。" << endl;
      12            case 2:
      13                cout << "已完成第二步。" << endl;
      14            default:
      15                cout << "备选方案已启动！" << endl;
      16        }
      17
      18        return 0;
      19    }
```

A.

已完成第一步。

B.

已完成第一步。

已完成第二步。

备选方案已启动！

C.

已完成第二步。

D.

备选方案已启动！

（2）阅读以下程序代码，运行程序分别输入9、13、17，填写程序的输出结果。

```
1   //9、13、17
2   #include <iostream>
3   using namespace std;
4   int main() {
5       int num;
6       cin >> num;
7       switch(num%3) {
8           case 0:
9               num++;
10              break;
11          case 1:
12              ++num;
13              break;
14          case 2:
15              num = num + num;
16              break;
17      }
18      cout << num;
19      return 0;
20  }
```

9：_____

13：_____

17：_____

（3）春节超市大促销，买得越多折扣越大。

①购物满1000元，打九五折。

②购物满2000元，打九折。

③购物满3000元，打八五折。

④购物满5000元，打八折。

运用switch语句编写程序，输入购物总金额就能计算出本次购物优惠了多少金额。（已知商品价格没有小数）

▶ 探索思考

针对巩固练习选择题1，分别输入1、2、3，可以总结出在执行case后没有break语句的执行逻辑，可以查阅资料探寻这是为什么。

第29课
不太准的心理测试
(if、switch 嵌套)

你参与过如下跳转方式的心理问答测试吗？

1. 你喜欢游泳吗？

A. 不喜欢（选择后跳转到第2题）

B. 喜欢（选择后跳转到第4题）

2. 你害怕水吗？

A. 很害怕（选择后跳转到第3题）

B. 一点点害怕（选择后跳转到第5题）

3. 你喜欢下雨天吗？

A. 喜欢（选择后跳转到第4题）

B. 不喜欢（选择后跳转到第5题）

4. 如果下雨，你更喜欢做什么呢？

A. 穿雨衣出门（选择后跳转到第6题）

B. 待在家里（选择后跳转到第5题）

5. 你会喜欢玩游乐园的过山车吗？

A. 喜欢（选择后跳转到第6题）

B. 不喜欢（选择后结束问答，输出分析结果A）

6. 你有没有忘记过东西？

A. 经常忘记（选择后结束问答，输出分析结果B）

B. 很少忘记（选择后结束问答，输出分析结果C）

这样的问答方式不同于往日的顺序做题，而是根据不同的选择跳转到不同的问题，具有灵活性和趣味性。请尝试运行下面的程序体验一下。

```cpp
1   #include <iostream>
2   using namespace std;
3   int main(){
4       int num = 1;
5       char select;
6       bool go = true;
7       cout << "开始不太准的心理测试："<< endl;
8
9       while(go){
10          switch(num){
11              case 1:
12                  cout << "1.你喜欢游泳吗？" << endl;
13                  cout << "A.不喜欢" << endl;
14                  cout << "B.喜欢" << endl;
15                  cout << "请选择：";
16                  cin >> select;
17                  switch(select){
18                      case 'A':
19                          num = 2;
20                          break;
21                      case 'B':
22                          num = 4;
23                          break;
24                  }
25                  break;
26              case 2:
27                  cout << "2.你害怕水吗？" << endl;
28                  cout << "A.很害怕" << endl;
29                  cout << "B.一点点害怕" << endl;
30                  cout << "请选择：";
```

```
31          cin >> select;
32          switch(select){
33              case 'A':
34                  num = 3;
35                  break;
36              case 'B':
37                  num = 5;
38                  break;
39          }
40          break;
41      case 3:
42          cout << "3.你喜欢下雨天吗？" << endl;
43          cout << "A. 喜欢" << endl;
44          cout << "B. 不喜欢" << endl;
45          cout << "请选择：";
46          cin >> select;
47          switch(select){
48              case 'A':
49                  num = 4;
50                  break;
51              case 'B':
52                  num = 5;
53                  break;
54          }
55          break;
56      case 4:
57          cout << "4.如果下雨，你更喜欢做什么呢" << endl;
58          cout << "A. 穿雨衣出门" << endl;
59          cout << "B. 待在家里" << endl;
60          cout << "请选择：";
61          cin >> select;
62          switch(select){
63              case 'A':
64                  num = 6;
65                  break;
66              case 'B':
67                  num = 5;
```

```
68              break;
69          }
70          break;
71      case 5:
72          cout << "5.你会喜欢玩游乐园的过山车吗？" << endl;
73          cout << "A.喜欢" << endl;
74          cout << "B.不喜欢" << endl;
75          cout << "请选择：";
76          cin >> select;
77          switch(select){
78              case 'A':
79                  num = 6;
80                  break;
81              case 'B':
82                  select = 'A';
83                  go = false;
84                  break;
85          }
86          break;
87      case 6:
88          cout << "6.你有没有忘记过东西？" << endl;
89          cout << "A.经常忘记" << endl;
90          cout << "B.很少忘记" << endl;
91          cout << "请选择：";
92          cin >> select;
93          switch(select){
94              case 'A':
95                  select = 'B';
96                  go = false;
97                  break;
98              case 'B':
99                  select = 'C';
100                 go = false;
101                 break;
102         }
103         break;
```

```
104            }
105        }
106
107    switch (select){
108        case 'A':
109            cout << "你可能对刺激和冒险的兴趣相对较低,你更喜欢稳定和可预
                     测的情境。" << endl;
110                break;
111        case 'B':
112            cout << "你可能是一个充满好奇心和冒险精神的人,但需要更多的努
                     力来管理和提高你的注意力和记忆能力。" << endl;
113                break;
114        case 'C':
115            cout << "你可能是一个注重细节、有条理并且喜欢稳定的人,通常能
                     够很好地掌握自己的生活和事务,不太追求冒险或刺激。" << endl;
116                break;
117        }
118
119    cout << endl << "自己编的纯属娱乐,没有科学道理,所以这是一个不太准的
             心理测试!";
120    return 0;
121 }
```

运行程序:

开始不太准的心理测试:

1. 你喜欢游泳吗?

A. 不喜欢

B. 喜欢

请选择: A

2. 你害怕水吗?

A. 很害怕

B. 一点点害怕

请选择: B

5. 你会喜欢玩游乐园的过山车吗?

A. 喜欢

B. 不喜欢

请选择: A

6. 你有没有忘记过东西？

A. 经常忘记

B. 很少忘记

请选择：B

你可能是一个注重细节、有条理并且喜欢稳定的人，通常能够很好地掌握自己的生活和事务，不太追求冒险或刺激。

自己编的纯属娱乐，没有科学道理，所以这是一个不太准的心理测试！

（1）#include <iostream>：包含C++标准库中的输入输出流头文件，实现cout输出和cin输入。

（2）using namespace std：使用std命名空间，这样可以使用标准库命名空间中的元素而不需要在前面加上std::。

（3）int main()：程序的主函数。

（4）int num = 1：定义一个整数变量num，用于跟踪当前测试问题的编号。num的初始值为1，使得测试题从第1题开始，同时为case匹配做好对应。

（5）char select定义一个字符变量select，用于接收用户的选择。它和嵌套switch选项case匹配，同时也作为最后存储分析结果A、B、C的变量。

（6）bool go = true：定义一个布尔变量go，用于控制循环是否继续进行。当进行到第5、6题的时候，通过选项将go值改成false，以便跳出while循环。

● while（true）为真，循环继续。

● while（false）为假，循环停止。

（7）将题号switch嵌套在循环中，使得每次问答可以根据题号num进行匹配和跳转。

（8）最后的switch(select)设计在问答结束的循环外，根据用户的选择进行心理分析，并输出相应的分析结果。

▶ 巩固练习

（1）switch语句通常用于对什么类型的值进行条件判断？（　　）

　　　A．字符串　　　　B．浮点数　　　　　C．数组　　　　　　D．整数

（2）switch语句中的default标签通常用于什么目的？（　　）

　　　A．用于执行默认的情况

　　　B．用于终止switch语句的执行

　　　C．用于处理不匹配的情况

　　　D．用于创建新的case

（3）在一个幻想世界里，四个季节之间界限分明，每个季节都有其特殊的魔法和神秘的生物。作为一名勇敢的冒险家，想知道当前是哪个季节，以便做好冒险的准备。

请编写一个程序，输入月份，输出季节，并告诉该季节的特点以及可能遇到的神秘生物：

①如果输入的月份是1、2或12，则输出"十二月到二月是冬季。在冬季，寒冷的天气可能会带来冰雪魔法，可能会遇到雪精灵"。

②如果输入的月份是3、4或5，输出"三月到五月是春季。春季充满生机，可能会有植物魔法，可能会遇到树精灵"。

③如果输入的月份是6、7或8，输出"六月到八月是夏季。夏季阳光明媚，可能会有火焰魔法，可能会遇到火精灵"。

④如果输入的月份是9、10或11，输出"九月到十一月是秋季。秋季可能有风暴魔法，可能会遇到风精灵"。

3、7 过游戏（条件分支）

　　数字精灵们在等餐的时候，特别喜欢玩一个烧脑游戏——3、7过。那么什么是"3、7过"呢？由第一位同学说出第一个数字，然后大家顺次接着报数，报出自己位置的数字，当遇到的数字是3或7的倍数或者数字尾数是3或7的时候就说"过"。

　　例如：从5开始报数，5、6、过（7）、8、过（9）、10、11、过（12）、过（13）、过（14）、过（15）、16、过（17）……

　　7：遇到7的尾数，不说7而说"过"。

　　9：遇到3的倍数，不说9而说"过"。

　　12：遇到3的倍数，不说12而说"过"。

　　13：遇到3的尾数，不说13而说"过"。

　　14：遇到7的倍数，不说14而说"过"。

　　15：遇到3的倍数，不说15而说"过"。

　　17：遇到7的尾数，不说17而说"过"。

　　请问：接下来的18是说"18"还是说"过"呢？

71、31 不说过，它们虽然有 3 和 7，但是 3 和 7 不是尾数。

　　如果有个程序能帮我玩这个游戏那该多好呀！

▼ 3、7过

```cpp
1    #include <iostream>
2    using namespace std;
3    int main(){
4
5        int num;
6
7        while(true){
8
9            cout << "输入数字：";
10           cin >> num;
11
12           if(num%10==3 || num%10==7 || num%3==0 || num%7==0){
13               cout << "过" << endl;
14           }
15           else{
16               cout << num << endl;
17           }
18
19       }
20       return 0;
21   }
```

运行程序：

输入数字：1
1
输入数字：2
2
输入数字：3
过
输入数字：4
4
输入数字：5
5
输入数字：6

过

输入数字：7

过

输入数字：8

8

输入数字：9

过

输入数字：

（1）什么时候说"过"，是程序设计的关键。

有4个条件，只需满足其中一个即可，可以使用||（逻辑或）将条件相连。

① 数字尾数为3→尾数就是个位数，取出个位数与3比较。

② 数字尾数为7→尾数就是个位数，取出个位数与7比较。

③ 数字是3的倍数→3的倍数就是除以3的余数为0的数。

④ 数字是7的倍数→7的倍数就是除以7的余数为0的数。

↓

数字尾数为3 ‖ 数字尾数为7 ‖ 数字是3的倍数 ‖ 数字是7的倍数

↓

num%10==3 ‖ num%10==7 ‖ num%3==0 ‖ num%7==0

↓

4个条件满足其一，即为真（true）

（2）编写代码：

```
代码  if(num%10==3 || num%10==7 || num%3==0 || num%7==0) {
          cout << "过" << endl;
      }
      else{
          cout << num << endl;
      }
```

条件为true则输出"过"，否则输出数字本身。

▶ 提出思考

如何实现上述游戏中的数字自动顺次出现呢？

想一想，如果循环里的num每次都自增1，是不是就可以了呢。

```
代码    1   #include <iostream>
       2   #include <windows.h>
       3   using namespace std;
       4   int main() {
       5
       6       int num;
       7       cout << "输入起始数字: ";
       8       cin >> num;
       9
      10       while(true) {
      11
      12           if(num%10==3 || num%10==7 || num%3==0 || num%7==0) {
      13               cout << num << "→过" << endl;
      14           }
      15           else{
      16               cout << num << "→" << num << endl;
      17           }
      18           num++;
      19           Sleep(500);
      20
      21       }
      22       return 0;
      23   }
```

运行程序:

输入起始数字: 1

1→1

2→2

3→过

4→4

5→5

6→过

7→过

8→8

9→过

10→10

11→11

12→过
13→过
14→过
15→过
16→16

（1）#include <windows.h>：windows.h文件包含了许多用于操作Windows操作系统的指令和信息，将它包含进来是为了使用Sleep()函数。

（2）Sleep(500)：通过Sleep()函数将数字的输出间隔一定时间。

（3）num++：每循环一次，num增加1，实现数字自动顺次出现。

感受到了循环的力量，我要学习循环。

 敲黑板

```
代码  while(true){
          cout << num << endl;
          num++;
      }
```

当num为1时：

第一次进入循环，输出num → 1，然后num自增1，此时num变成了2。

第二次进入循环，输出num → 2，然后num自增1，此时num变成了3。

······

每次循环num增加1，下一次循环num比上一次num多1。

▶ 巩固练习

（1）以下哪个if语句中的"真"一定会输出？（ ）

    A.

```
if (x == 5){
  cout << "真";
}
```

B.
```cpp
if (x > 0 && x < 10) {
    cout << "真";
}
```
C.
```cpp
if (true) {
    cout << "真";
}
```
D.
```cpp
if (x != 5) {
    cout << "真";
}
```

（2）在一个while(true)循环中，如果没有适当的退出条件，会发生什么？（　）

A．编译错误

B．程序会崩溃

C．程序会一直运行，无法终止

D．程序会输出错误消息

（3）请编写一个C++程序，使用while(true)循环不断让用户输入字母，如果是大写字母就输出"我改成了小写"+小写字母；如果是小写字母就输出"我改成了大写"+大写字母；如果是其他字符就输出"输入有误！"；如果是数字0则直接退出程序，输出"字母转换结束！"

示例：

请输入一个字母（输入0退出）：R
我改成了小写 r
请输入一个字母（输入0退出）：d
我改成了大写 D
请输入一个字母（输入0退出）：9
输入有误！
请输入一个字母（输入0退出）：0
字母转换结束！

第三部分
不辞辛苦——循环结构

第31课

不睡觉的计算机
（while 循环）

有时候感觉写程序的时间比我直接计算的时间还长。

是呀，感觉编程都没帮上忙，还浪费了时间。

计算机的强大在于超强的计算能力和无休止的运算，当我们给程序赋予循环力量的时候，它们的实力将更加凸显。

▶ **温故知新**

用"*"组装一个吃豆人张嘴闭嘴的小图案。

张嘴：

```
***
*
***
```

闭嘴：

```
**
* *
**
```

吃豆人不断地交替张嘴、闭嘴，并且向前移动。

```
代码  1   #include <iostream>
      2   #include <windows.h>  // 用于 Sleep 函数
      3   #include <iomanip>     // 用于 setw 函数
      4   using namespace std;
      5   int main() {
      6       int i = 3;
      7       while(true) {
      8           cout << setw(i) << "***" << endl;
      9           cout << setw(i) << "*  " << endl;
     10           cout << setw(i) << "***" << endl;
     11           Sleep(500);
     12           // 清空终端（在Windows上使用cls, 在Linux上使用clear）
     13           system("cls");
     14           cout << setw(i) << "** " << endl;
     15           cout << setw(i) << "* *" << endl;
     16           cout << setw(i) << "** " << endl;
     17           Sleep(500);
     18           // 清空终端（在Windows上使用cls, 在Linux上使用clear）
     19           system("cls");
     20           i++;
     21       }
     22       return 0;
     23   }
```

（1）int i = 3：声明了一个整数变量i，并初始化为3。这个变量i将用于控制图案的宽度，初始宽度为3个字符。随着不断地进行i++增加字符宽度，左边不断用空格补充，于是就实现了吃豆人向前移动的效果。

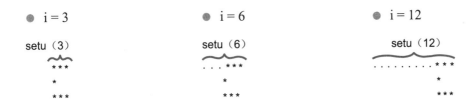

209

（2）while (true) {}：这是一个无限循环，也叫作死循环。因为循环条件永远为真，所以循环会一直执行下去。

```
while (true)        条件为真
{                      执行
}
```

true 一直为真，所以程序一直执行

（3）i++：每循环一次，i自增1，于是setw(i)函数使得输出字符的宽度也增加1。*图案靠右对齐，于是就有了前进的效果。

 划重点

```
while (true) {
    执行指令
}
```

①while是C++中的一个关键字，表示一个循环结构。

②(true)是循环的条件部分，括号内的条件表达式负责判断循环是否继续执行。当条件表达式直接写成true时，意味着条件永远为真，因此循环会无限制地执行下去。

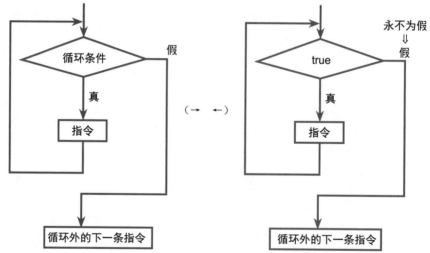

无限循环通常用于需要一直运行的任务，例如游戏循环、服务器监听等，它们需要不间断地运行。

谨慎使用无限循环，因为如果没有循环的退出条件，程序可能会变得不可控，导致程序无法终止。

▼ 数字宝藏

有一座神秘的岛屿，埋藏着传说中的数字宝藏。这个宝藏由一系列数字组成，只有找到了所有数字的总和，才能揭示宝藏的真正位置。

作为数字宝藏寻找者中的一员，你的任务是输入岛上的每个人所知道的数字，然后计算这些数字的总和。只有当你找到了所有数字并计算出总和，才能揭示宝藏的位置。

每个居民都知道且只知道一个数字，他们愿意与你分享，你需要不断地询问岛上居民。当你不再想继续输入数字时，可以输入−1来结束。

现在，你将使用程序来记录和计算这些数字，以找到宝藏。开始你的数字冒险吧！

通过while循环实现数字的连续输入，并且累加求和。

```cpp
1   #include <iostream>
2   using namespace std;
3
4   int main() {
5       int num, sum;
6       num = 0;
7       sum = 0;
8       while(num!=-1) {
9           cout << "请输入要相加的数字：";
10          cin >> num;
11          sum = sum + num;
12      }
13      cout << "最终的计算结果是：" << sum;
14      return 0;
15  }
```

运行程序：

请输入要相加的数字：1
请输入要相加的数字：2
请输入要相加的数字：3
请输入要相加的数字：4
请输入要相加的数字：5
请输入要相加的数字：6
请输入要相加的数字：7
请输入要相加的数字：8
请输入要相加的数字：9

请输入要相加的数字：-1
最终的计算结果是：44

（1）声明两个变量：一个num用于数字输入，一个sum用于求和。

（2）每次进入while循环前都需要进行圆括号里的条件判断，条件为真才能进入循环。

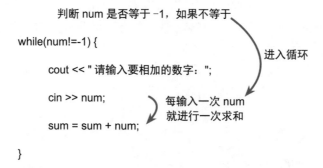

（3）如果条件不成立（false），则跳出循环，执行下一条语句。

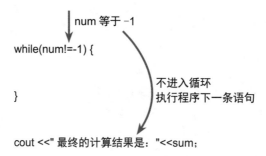

（4）通过流程图来看循环。

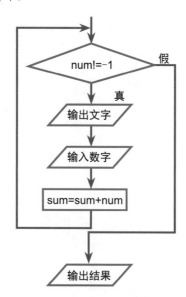

敲黑板

while () {} 与 if () {} 的比较：

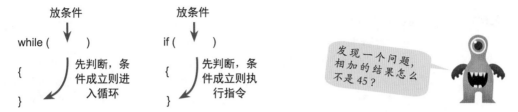

发现一个问题，相加的结果怎么不是 45 ？

▶ **提出思考**

为什么最终的计算结果出现错误了呢，明明相加是45，但是输出却是44？

一探究竟

第一次循环输入1，此时sum为0，num为1，sum = sum + num = 0 + 1 = 1。

第二次循环输入2，此时sum为1，num为2，sum = 1 + 2 = 3。

......

第八次循环输入8，此时sum为28，num为8，sum = 28 + 8 = 36。

第九次循环输入9，此时sum为36，num为9，sum = 36 + 9 = 45。

问题出在哪呢？

此时num为9，循环还没有结束，然后输入−1。

第十次循环输入−1，在判断之前还进行了一次求和。

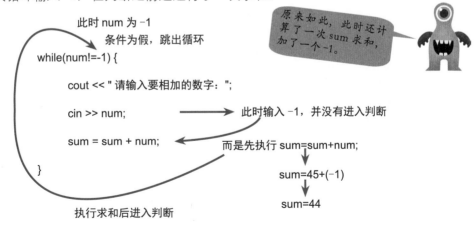

原来如此，此时还计算了一次 sum 求和，加了一个 -1.

如何才能解决呢？

调换一下输入数字和求和的顺序？

代码

```
while(num!=-1) {
    sum = sum + num;
    cout << "请输入要相加的数字：";
    cin >> num;
}
```

这会导致还没输入数字就先进行一次求和，会有问题吗？

其实不会，一开始sum为0，num为0，0+0=0，不影响结果。

▶ **巩固练习**

（1）下面哪段代码会输出数字1~10（包括1和10）？（   ）

A.
```
int i = 0;
while (i <= 10) {
    cout << i << " ";
    i++;
}
```

B.
```
int i = 0;
while (i < 10) {
    cout << i << " ";
    i++;
}
```

C.
```
int i = 1;
while (i <= 10) {
    cout << i << " ";
    i--;
}
```

D.
```
int i = 10;
while (i > 0) {
    cout << i << " ";
    i--;
}
```

（2）阅读以下代码，填写输出结果。

```cpp
#include <iostream>
using namespace std;

int main() {
    int i = 0;
    while (i < 5) {
        cout << i << " ";
        i += 2;
    }
    return 0;
}
```

输出：

_____

（3）编写一个C++程序，将班级中学生的考试成绩逐一输入，直到输入一个-1才停止，使用while循环计算并输出学生考试成绩的平均值。

第32课

病毒弹窗（while 语句、MessageBox 函数）

黑客捣蛋鬼制作了一个**弹窗病毒**，导致计算机不停地弹窗，不管怎么单击**确定**按钮和×按钮，都停不下来。

我们一起研究一下这个病毒程序吧！

▼ 弹窗病毒

```
1   #include <windows.h>
2   using namespace std;
3   int main(){
4       while(true){
5           MessageBox(NULL,"我是捣蛋鬼！","弹窗病毒",MB_OK);
6       }
7       return 0;
8   }
```

翻译助力理解

● message：消息。

● box：箱子、盒子。

● MessageBox：对话框。

是什么导致弹窗停不下来呢？

答案就是有一个永远为真的循环while (true) { }。

  敲黑板

遇到while循环，先进行条件判断，再根据条件true或false决定是否进入循环。

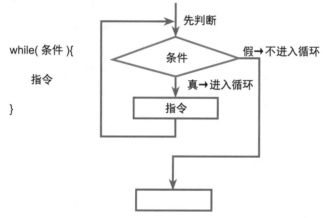

弹窗效果通过MessageBox函数实现。

MessageBox按键形态

①MB_OK

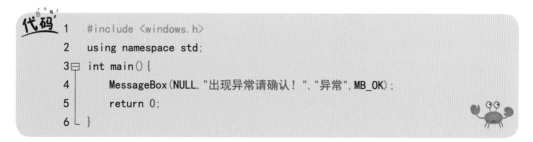

```
1   #include <windows.h>
2   using namespace std;
3   int main(){
4       MessageBox(NULL,"出现异常请确认！","异常",MB_OK);
5       return 0;
6   }
```

MB_OK：只有一个"确定"按钮。

②MB_YESNO

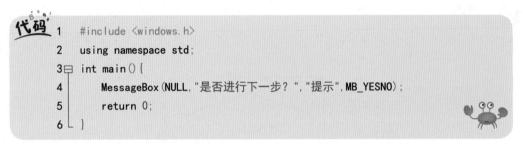

```
1    #include <windows.h>
2    using namespace std;
3    int main(){
4        MessageBox(NULL,"是否进行下一步？","提示",MB_YESNO);
5        return 0;
6    }
```

MB_YESNO：有两个按钮——是（Y）和否（N）。

③MB_OKCANCEL

```
1    #include <windows.h>
2    using namespace std;
3    int main(){
4        MessageBox(NULL,"继续弹窗！","指令",MB_OKCANCEL);
5        return 0;
6    }
```

MB_OKCANCEL：有两个按钮——确定和取消。

④MB_ABORTRETRYIGNORE

```
1    #include <windows.h>
2    using namespace std;
3    int main(){
4        MessageBox(NULL,"安装遇到问题！","安装步骤",MB_ABORTRETRYIGNORE);
5        return 0;
6    }
```

MB_ABORTRETRYIGNORE：有3个按钮——中止(A)、重试(R)和忽略(I)。

⑤MB_YESNOCANCEL

```
1    #include <windows.h>
2    using namespace std;
3    int main(){
4        MessageBox(NULL,"请选择！","提示",MB_YESNOCANCEL);
5        return 0;
6    }
```

MB_YESNOCANCEL：有3个按钮——是（Y）、否（N）和取消。

⑥MB_RETRYCANCEL

```
1    #include <windows.h>
2    using namespace std;
3    int main(){
4        MessageBox(NULL,"请选择！","提示",MB_RETRYCANCEL);
5        return 0;
6    }
```

MB_RETRYCANCEL：有两个按钮——重试(R)和取消。

翻译助力理解

● cancel：取消。

● ignore：忽略、忽视。

● retry：重试。

● abort：中止。

原来这些都是英文单词大写的组合。

▶ **提出思考**

（1）单击弹窗按钮为什么没反应呢？

（2）如何单击不同的按钮执行不同的指令呢？

我联想到了条件分支语句！

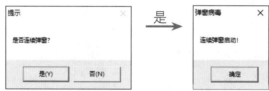

```
代码
1    #include <iostream>
2    #include <windows.h>
3    using namespace std;
4    int main(){
5        if(MessageBox(NULL,"是否连续弹窗？","提示",MB_YESNO) == IDYES){
6            while(true){
7                MessageBox(NULL,"连续弹窗启动！","弹窗病毒",MB_OK);
8            }
9        }
10       else{
11           cout << "弹窗取消了。";
12       }
13       return 0;
14   }
```

MessageBox(NULL,"是否连续弹窗？","提示",MB_YESNO) == IDYES：判断 MessageBox()函数的返回值是否为IDYES，如果是，则表示"是(Y)"按钮被按下，进入 if语句执行无限循环弹窗；如果不是，则进入else语句输出"弹窗取消了。"

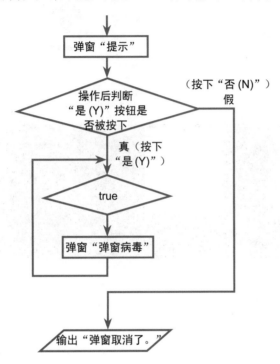

敲黑板

MessageBox()函数拥有返回值，通过不同的返回值可以判断弹窗后什么按钮被按下了。再结合条件分支语句，根据不同的按钮返回值执行不同的指令。

- IDYES："是"按钮被按下。
- IDNO："否"按钮被按下。
- IDOK："确定"按钮被按下。
- IDCANCEL："取消"按钮被按下。
- IDABORT："中止"按钮被按下。
- IDRETRY："重试"按钮被按下。
- IDIGNORW："忽略"按钮被按下。

试试看吧，设计不同的弹窗，单击不同的按钮执行不同的操作指令。

▼ 终止无限弹窗

弹窗无法终止，可以直接单击×按钮终止程序的运行。

▶ 拓展探索

给对话框增加各式各样的图标。

```
1  #include <windows.h>
2  using namespace std;
3  int main(){
4      //警告图标
5      MessageBox(NULL,"请确认图标！","图标对话框",MB_OK|MB_ICONEXCLAMATION);
6      //错误图标
7      MessageBox(NULL,"请确认图标！","图标对话框",MB_OK|MB_ICONHAND);
8      //问号图标
9      MessageBox(NULL,"请确认图标！","图标对话框",MB_OK|MB_ICONQUESTION);
10     //提示图标
11     MessageBox(NULL,"请确认图标！","图标对话框",MB_OK|MB_ICONASTERISK);
12     return 0;
13 }
```

翻译助力理解

● icon：图标。

● exclamation：感叹号。

● question：疑问、问题。

● asterisk：星号（置于词语旁边以引起注意或另有注释）。

▶ 巩固练习

（1）在C++中，要显示对话框，通常需要包含哪个头文件？（　）

    A．<iostream>　　　　　　　B．<windows.h>

    C．<string>　　　　　　　　D．<stdio.h>

（2）在C++中，如何检查用户是否单击了MessageBox中的"确定"按钮？（　）

    A．使用is(OK)函数

    B．检查返回值是否等于IDOK

    C．判断返回值是否等于IDYES

    D．检查返回值是否等于true

（3）使用对话框设计3个"是""否"判断题，选择答案后进入下一题，答对一题加1分，3题全部回答完成输出得分。

示例：

你的得分是：3

第33课

趣味青蛙游戏（while 循环、变量）

一只青蛙，一张嘴，两只眼睛，四条腿；两只青蛙，两张嘴，四只眼睛，八条腿……

这是有趣的青蛙接龙游戏，考察的是我们计算的灵活性和记忆力。让C++程序帮我们快速计算出前100只青蛙们的接龙吧！

▼ **青蛙游戏**

```cpp
#include <iostream>
using namespace std;

int main(){
    int num = 0;
    while(num<100){
        num++;
        cout << num << "只青蛙，" << num << "张嘴，" << num*2 << "只眼睛，"
            << num*4 << "条腿。" << endl;
    }
    return 0;
}
```

运行程序：

1只青蛙，1张嘴，2只眼睛，4条腿。
2青蛙，2张嘴，4只眼睛，8条腿。

3青蛙，3张嘴，6只眼睛，12条腿。

...

98只青蛙，98张嘴，196只眼睛，392条腿。

99只青蛙，99张嘴，198只眼睛，396条腿。

100只青蛙，100张嘴，200只眼睛，400条腿。

（1）while(num<100)：设置循环条件为num<100，当num的数值小于100时，条件成立进入循环。

▶ 提出思考

那么为什么最终输出100只青蛙呢？

这与num++和输出的先后有关系，自己探索一番吧！

（2）num++实现了循环体中变量值跟随循环次数的变化。每循环一次，num增加1。num不断变大，最终达到100，使得循环条件不成立，终止循环。

▼ 输出偶数

试着输出100以内（含100）中的所有偶数。

```
1   #include <iostream>
2   using namespace std;
3
4   int main(){
5       int num = 0;
6       while(num<=100){
7           cout << num << endl;
8           num += 2;
9       }
10      return 0;
11  }
```

运行程序：

0

2

4

...

96

98

100

从第一个偶数0开始，每次增加2，直到100。

（1）num += 2：将num加上2，再赋值给自己，相当于num = num + 2。第一次循环num为0，循环一次num+2，此时num为2；再循环一次num为4……

（2）因为num的初始值为0，同时0也是偶数，所以将num自增2放到了输出之后，确保了0的输出。

如果是

```
num += 2;
cout << num << endl;
```

输出的将会缺0且多了102。

因为在还没输出就进行了自增2，所以第一次输出的值为2；最后当num为100时，满足循环条件（num<=100），100进入循环，再自增2，变成了102，输出就是102了。

所以自增代码写在前还是后，很讲究呀！

▶ 巩固练习

（1）以下是求100以内（不含100）所有偶数之和的代码，请阅读代码并将错误之处改正。

```
代码
1    #include <iostream>
2    using namespace std;
3
4    int main(){
5        int num = 0;
6        int sum = 0;
7        while(num<=100){
8            num += 2;
9            sum = sum + num;
10       }
11       cout << sum;
12       return 0;
13   }
```

（2）以下哪段代码可以输出"fei"10次？（　　）

A.

```
int num = 0;
while (num < 10) {
    cout << "fei";
    num--;
}
```

B.

```
int num = 0;
while (num <= 10) {
    cout << "fei";
    num++;
}
```

C.

```
int num = 0;
while (num < 10) {
    cout << "fei";
    num++;
}
```

D.

```
int num = 0;
while (num > 10) {
    cout << "fei";
    num--;
}
```

（3）循环列出50以内（含50）的所有奇数，并输出它们相加的结果。

示例：

1 3 5 7 9 11 13 15 17 19 21 23 25 27 29 31 33 35 37 39 41 43 45 47 49
奇数的和为：625

第34课

竞赛得分（while 循环、最高分、最低分、平均分）

编程世界在举行歌舞比赛，8位评委给表演的小精灵们打分，而8位评委的平均分将作为最终得分。设计一个输入程序，计算出小精灵们的表演平均分。打分范围为0~10分，允许有两位小数。

▶ 温故知新

使用while循环设计一个输入评委打分后计算出平均分的程序。

> **注意**
>
> （1）得分一共需要输入8次。
>
> （2）分数输入要考虑有小数的情况。

代码

```cpp
1   #include <iostream>
2   using namespace std;
3
4   int main() {
5       float score, sum = 0;
6       int num = 0;
7       while(num < 8){
8           cout << "请输入得分：";
9           cin >> score;
10          sum = sum + score;
```

```
代码    11          num++;
        12      }
        13      cout << "最终计算平均分是: " << sum/num;
        14      return 0;
        15  }
```

运行程序：

请输入得分：9.9
请输入得分：8.9
请输入得分：7.8
请输入得分：9.5
请输入得分：9.4
请输入得分：9.8
请输入得分：9.6
请输入得分：9.7
最终计算平均分是：9.325

敲黑板

使用 while 循环时，需要考虑圆括号中的条件，什么时候需要进入循环，什么时候需要终止循环。

例如：需要输入 8 位评委的打分，一共需要输入 8 次。

num 从 0 开始，每循环一次 num 值 +1，最终设置的条件是 num < 8。

为什么是 num < 8 而不是 num <= 8？

因为 num 从 0 开始，0、1、2、3、4、5、6、7，一共 8 个数字，循环了 8 次。

如果 num 从 1 开始，那么条件就需要设置为 num <= 8。

编写程序，需要特别留意临界值。想一想头和尾的数值到底如何取舍。

▼ 去除最高分和最低分

为了避免极端值对平均分的影响，比赛得分通常需要去掉最高分和最低分，再计算平均分。一起将程序优化一下吧！

```
1   #include <iostream>
2   using namespace std;
3
4   int main() {
5       float score, min=100, max=0, sum = 0;
6       int num = 0;
7       while(num < 8) {
8           cout << "请输入得分: ";
9           cin >> score;
10          if(score >= 0 && score <= 100) {
11              sum = sum + score;
12              num++;
13              if(score > max) {
14                  max = score;
15              }
16              if(score < min) {
17                  min = score;
18              }
19          }
20          else{
21              cout << "分数为0~100, 请重新输入" << endl;
22          }
23      }
24      cout << "最终计算平均分是: " << (sum-max-min)/(num-2);
25      return 0;
26  }
```

运行程序:

请输入得分: 199
分数为0~100, 请重新输入
请输入得分: 99
请输入得分: 98
请输入得分: 97
请输入得分: 34
请输入得分: 09
请输入得分: 98
请输入得分: 87

请输入得分：87
最终计算平均分是：83.5

（1）if(score >= 0 && score <= 100)：判断输入的分数是否正确，如果分数超出范围，则num不自增，循环继续，不影响循环次数。

（2）

```
if(score > max) {
    max = score;
}
if(score < min) {
    min = score;
}
```

取出分数中的最大值和最小值，分别存储在max和min变量中。

（3）sum-max-min：总得分减去最高分和最低分，再计算平均分。

▶ 巩固练习

（1）请阅读以下代码，并回答问题。

```
1   #include <iostream>
2   using namespace std;
3
4   int main() {
5       int num = 1;
6       while (num <= 5) {
7           cout << num << " ";
8           num += 2;
9       }
10      cout << endl;
11      return 0;
12  }
```

在上述代码中，while循环将输出什么内容？（ ）

A．1 2 3 4 5   B．1 3 5

C．2 4   D．1 2 3 4 5 6

（2）请补充以下代码的空白处，以完成程序，使其接收用户输入的整数，并反复询

问用户是否继续输入整数，直到用户输入负数为止。然后，程序计算并显示输入的所有正整数的平均值。（使用while循环）

```
代码
1    #include <iostream>
2    using namespace std;
3
4    int main() {
5        int num = 0, count = 0;
6        double sum = 0;
7        // 用while循环来实现
8        while (_____) { // 请填写此处的条件，使循环继续直到输入负数
9            // 输入一个整数
10           cout << "请输入一个整数（负数以结束输入）: ";
11           cin >> num;
12
13           if (num >= 0) {
14               // 计算和
15               sum += num;
16               count++; // 请填写此处，用于更新count的值
17           }
18       }
19
20       // 计算平均值
21       double average = _____; // 请填写此处，用于计算平均值
22
23       // 显示平均值
24       cout << "所有正整数的平均值是: " << average << endl;
25
26       return 0;
27   }
```

（3）修改程序去除最高分和最低分，使其能够接收用户指定要输入的分数数量，而不是固定为8个。用户应该首先输入要输入的分数数量，然后依次输入分数，最后计算平均分。

第35课

每天努力一点点
(while 循环、复利)

每天努力一点点，会有多大的进步呢？

每天懈怠一点点，又会落后多少呢？

　　坚持每天努力一点点，如同播下了希望的种子。不积跬步，无以至千里；不积小流，无以成江海。每天微小的进步，使得我们在朝着更好的自己前进。

　　持续每天懈怠一点点，如同迷失了前行的轨迹。累积小懈以至于滑坡，累积小疏以至于空洞。每天微小的停滞，使得我们最终沉沦在迷茫的漩涡中。

　　都说编程是一种表达方式，那么程序要如何表达每天努力一点点呢？

适当放松身心还是非常必要的。

▼ 每天努力一点点

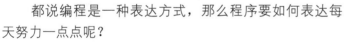

```
1  #include <iostream>
2  using namespace std;
3  int main() {
4      double numUp = 1;
5      int i = 0;
6
7      while(i<365) {
8          numUp *= 1.01;
9          i++;
```

代码

```
10        }
11        cout << "每天努力一点点，一年后，你厉害了 " << numUp << "倍" << endl;
12        return 0;
13    }
```

运行程序：

每天努力一点点，一年后，你厉害了37.7834倍

▼ 每天懈怠一点点

代码

```
1    #include <iostream>
2    using namespace std;
3    int main(){
4        double numDown=1;
5        int i = 0;
6
7        while(i<365){
8            numDown *= 0.99;
9            i++;
10        }
11        cout << "每天懈怠一点点，一年后，你落后了 " << 1/numDown << "倍" << endl;
12        return 0;
13    }
```

运行程序：

每天懈怠一点点，一年后，你落后了39.1881倍

（1）每天努力一点点，用numUp *= 1.01表达，每天比前一天厉害了0.01。

（2）每天懈怠一点点，用numDown *= 0.99表达，每天比前一天落后了0.01。

（3）while(i<365)循环365天，就知道一年后是多少了。

超酷～用程序表达出来了！

▶巩固练习

（1）下面的while循环将执行多少次？（　　）

```cpp
int x = 5;
while (x > 0) {
    x /= 2;
}
```

A. 1　　　　　　B. 2　　　　　　C. 3　　　　　　D. 4

（2）阅读下面的程序，填写程序的输出结果。

```cpp
1   #include <iostream>
2   using namespace std;
3
4   int main() {
5       int x = 5;
6       int y = 6;
7       while (x > 3 && y < 10) {
8           cout << "条件1成立" << endl;
9           x--;
10          y++;
11      }
12      while (x < 2 || y > 7) {
13          cout << "条件2成立" << endl;
14          x++;
15          y--;
16      }
17      while (!(y > 6)) {
18          cout << "条件3成立" << endl;
19          x++;
20      }
21      return 0;
22  }
```

输出：_____

（3）设计一个用户登录系统，具备以下功能和规则：

① 用户拥有一个密码用于登录。

② 用户有3次输入密码的机会。

③ 如果用户连续三次输入错误密码，那么系统会锁定用户，禁止他再次尝试登录。

④ 如果用户成功登录，则系统会显示欢迎消息。

示例：3次全错。

请输入密码：123
密码错误，还剩2次尝试机会。
请输入密码：哇哦
密码错误，还剩1次尝试机会。
请输入密码：password
密码错误，还剩0次尝试机会。
密码输入错误次数已达上限，账户已被锁定。

示例：输对密码。

请输入密码：123
密码错误，还剩2次尝试机会。
请输入密码：1234
密码错误，还剩1次尝试机会。
请输入密码：123456
登录成功！欢迎进入系统。

小数位数的纠结
（while 循环、小数位数）

一说起C++的除法，就让人纠结，怎么对小数的约束那么多呀！

整数相除没小数：1/3=0。

浮点数相除小数位数因为输出受限了：1.0/3=0.333333。

调整输出位数cout << fixed << setprecision(20) << 1.0/3，可结果竟然是0.33333333333333331483。

```
代码    1   #include <iostream>
        2   #include <iomanip>      // 包含iomanip库
        3   using namespace std;
        4
        5   int main() {
        6
        7       cout << 1/3 << endl;
        8       cout << 1.0/3 << endl;
        9       cout << fixed << setprecision(20) << 1.0/3;
        10      return 0;
        11  }
```

到底如何才能准确输出小数位数呢？

需要算法！

▼ 小数位数

把每步相除都拆开，输出商，余数乘10继续除，然后不断将商拼接起来。

例如：

$1 \div 3 = 0.33333333 \cdots$

变一变 ↓

（1）$1 \div 3$ 商为0，输出商，此时输出结果为0。

（2）接下来是小数部分，输出.，此时的输出结果为0.。

①余数乘以10继续除，余数为1，$1 \times 10 = 10$，$10 \div 3$的商为3，此时输出结果为0.3。

②余数为1，继续循环，输出结果为0.33

……

将商不断输出并拼接即可。

▶ 提出思考

为什么余数要乘10呢？

在这个程序中，余数乘以10是为了将小数点右侧的数字逐位计算出来。这样的回答可能有些抽象，想一想正常除法是怎么计算的。

```
          上3
     0.3 ←
3 ) 1 0  → 变10
    ═══
```

再继续除下去也是一样的，一直变10继续除。

```
          上3
     0.3 ←
3 ) 1 0  → 变10
     9
    ───
     1 0
```

```
1    #include <iostream>
2    using namespace std;
3
4    int main() {
5        int numerator, denominator, precision;
6
7        cout << "请输入被除数: ";
8        cin >> numerator;
9
10       cout << "请输入除数: ";
11       cin >> denominator;
12
13       cout << "请输入计算结果的小数位数: ";
14       cin >> precision;
15
16       if (denominator == 0) {
17           cout << "除数不能为0，请重新运行程序。" << endl;
18       }
19
20       int integerPart = numerator / denominator;
21       int remainder = numerator % denominator;
22
23       cout << "计算结果为: " << integerPart;
24
25       if (precision > 0) {
26           cout << ".";
27       }
28
29       while (precision > 0) {
30           remainder *= 10;
31           int quotient = remainder / denominator;
32           cout << quotient;
33           remainder = remainder % denominator;
34           precision--;
35       }
36       return 0;
37   }
```

运行程序:

请输入被除数:20
请输入除数:3
请输入计算结果的小数位数:10
计算结果为:6.6666666666

(1)排除除数为0的情况。

代码
```
if (denominator == 0) {
    cout << "除数不能为0，请重新运行程序。" << endl;
}
```

(2)先将商的整数部分输出numerator / denominator。

代码
```
int integerPart = numerator / denominator;

cout << "计算结果为: " << integerPart;
```

(3)考虑小数位数的情况，如果计算结果需要的小数位数大于0，记得输出小数点。

代码
```
if (precision > 0) {
    cout << ".";
}
```

(4)根据输入的小数位数precision，设计循环次数将小数部分输出。

代码
```
while (precision > 0) {
    remainder *= 10;
    int quotient = remainder / denominator;
    cout << quotient;
    remainder = remainder % denominator;
    precision--;
}
```

①remainder *= 10：将余数乘以10，进入下一次除法计算。

②int quotient = remainder / denominator：将乘以10后的余数除以除数，得到商。

③cout << quotient：将商输出组合成新数字

④remainder = remainder % denominator：获取下一个余数。

⑤precision--：小数位数减1，直到为0，跳出循环。

以1÷3为例：

整数部分

```
precision →  10  9  8  7  6
             ↑  ↑  ↑  ↑  ↑
           0. 3  3  3  3  3……
      _____
    3 / 1   0
        9
      _____
        1   0
            9
      _____
            1   0
                9
      _____
                1   0
                    9
      _____
                    1   0
                        9
```

▶ 思考提问——四舍五入

20÷3的输出结果是6.6666666666，没有进位，如何四舍五入呢？

需要调整一下计算结果的输出，当（precision==0）时，也就是在输出最后一位小数前，往后再计算一位，如果后一位的值大于或等于5，则让quotient ＋ 1后再输出。

代码

```
while (precision > 0) {
    precision--;
        remainder *= 10;
        int quotient = remainder / denominator;
        remainder = remainder % denominator;

        if (precision == 0) {
```

代码

```
        remainder *= 10;
        int roundDigit = remainder / denominator;
        if (roundDigit >= 5) {
            quotient++;
        }
    }
    cout << quotient;
}
```

注意调整 quotient 输出和判断的顺序。

再思考一下，如果是 25÷100，没有 10 位小数，又要考虑四舍五入，怎么办？

▶ 巩固练习

（1）在 while 循环中，循环体至少要执行几次？（　　）

　　A．0次　　　　　B．1次　　　　　C．无法确定　　　　　D．无限次

（2）阅读以下代码，填写输出结果。

代码

```
1  #include <iostream>
2  using namespace std;
3
4  int main() {
5      int n, x, s=0;
6      cin >> n;
7
8      while (n) {
9          x = n % 10;
10         if (x % 2 == 0) {
11             s += x;
12         }
13         n = n / 10;
14     }
```

```
代码  15        cout << s << endl;
      16        return 0;
      17  }
```

运行程序，输入2023999666，会输出什么？

输出：_____

（3）编写一个C++程序，接收用户输入的一个具有10位小数的正浮点数和一个整数 n，然后输出该浮点数中的第n位小数。

程序应该不断地将输入的浮点数乘以10，直到达到第n位小数，然后将该小数值输出给用户，以显示浮点数中的第n位小数是多少。

示例输入：

请输入一个10位小数的正浮点数：123.4567890123

取第几（1~10）位中的一个小数：4

示例输出：

浮点数中的第4位小数为：7

第37课

最小公倍数（while 循环、穷举、break）

奇异果精灵需要定期维护两台机器，一台时光机每10天需要维护一次，一台穿梭机每15天需要维护一次。有一天他同时维护了这两台机器，那么再过多少天，他需要同时维护两台机器呢？

可以通过计算两个维护时间的最小公倍数来确定。

一个数字既可以被10整除又可以被15整除，那这个数就是10和15的公倍数，所有公倍数中最小的那个数字就被称为10和15的最小公倍数。

▼ 最小公倍数

计算机厉害之处就是拥有超强的计算能力，如果想要找到两个数字的最小公倍数，可以借助计算机的计算能力，采用穷举的方式从1开始一个数字一个数字地尝试，直到找到正确的答案。

代码

```
1   #include <iostream>
2   using namespace std;
3
4   int main() {
5       int num1, num2, lcm=1;
6
7       cout << "请输入第一个整数: ";
8       cin >> num1;
9       cout << "请输入第二个整数: ";
10      cin >> num2;
```

```
11      while (true) {
12          if(lcm % num1 == 0 && lcm % num2 == 0){
13              break;
14          }
15          lcm++;
16      }
17      cout << "最小公倍数为: " << lcm << endl;
18      return 0;
19  }
```

运行程序：

请输入第一个整数：7
请输入第二个整数：10
最小公倍数为：70

不断循环让变量lcm加1，通过if(lcm % num1 == 0 && lcm % num2 == 0)判断lcm是否可以同时被两个数字整除，如果满足if语句的条件，就执行break跳出循环。

划重点

break是C++语言中的一个控制语句，主要用于在循环中提前结束循环的执行。当程序执行到break语句时，它会立即跳出当前所在的循环体，不再继续执行循环体内的后续代码，而是执行当前循环体外的下一行代码。

break只能跳出当前循环，如果循环嵌套，则只能跳出一层循环。

▼ **优化**

没必要从1开始增加，最小公倍数至少比两个数的最大值要大或者相等。
可以直接从一个大数开始加1。

```
1   #include <iostream>
2   using namespace std;
3
4   int main() {
5       int num1, num2,lcm=1;
6
7       cout << "请输入第一个整数: ";
8       cin >> num1;
```

代码

```
9        cout << "请输入第二个整数: ";
10       cin >> num2;
11
12       lcm = (num1 > num2) ? num1 : num2; // 取两个数中的较大值
13       while (true) {
14           if(lcm % num1 == 0 && lcm % num2 == 0){
15               break;
16           }
17           lcm++;
18       }
19       cout << "最小公倍数为: " << lcm << endl;
20       return 0;
21   }
```

运行程序：

请输入第一个整数: 100
请输入第二个整数: 101
最小公倍数为: 10100
lcm = (num1 > num2) ? num1 : num2; // 取两个数中的较大值

直接从大数开始累加，减少循环次数，提升了效率。

▼ 再优化

从大数开始，似乎也不需要+1、+1地进行。因为最小公倍数一定是两个数的倍数，那么必定是大数的倍数，直接基于大数1倍、2倍……地尝试是不是会更快。

代码

```
1    #include <iostream>
2    using namespace std;
3
4    int main() {
5        int num1, num2, maxNum, lcm=1, i=1;
6
7        cout << "请输入第一个整数: ";
8        cin >> num1;
9        cout << "请输入第二个整数: ";
10       cin >> num2;
```

代码

```
11
12          maxNum = (num1 > num2) ? num1 : num2;
13          while (true) {
14              lcm = maxNum * i;
15              if(lcm % num1 == 0 && lcm % num2 == 0){
16                  break;
17              }
18              i++;
19          }
20          cout << "最小公倍数为: " << lcm << endl;
21          return 0;
22      }
```

（1）maxNum = (num1 > num2) ? num1 : num2：取出大数赋值给maxNum。

（2）lcm = maxNum * i：lcm按照大数的倍数增加，通过i++实现增加1倍、2倍……

（3）当lcm满足同时被这两个数整除时，此时的lcm就是这两个整数的最小公倍数了。

代码

```
if(lcm % num1 == 0 && lcm % num2 == 0){
    break;
}
```

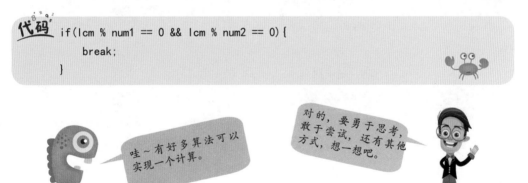

哇～有好多算法可以实现一个计算。

对的，要勇于思考，敢于尝试，还有其他方式，想一想吧。

▶ 巩固练习

（1）break语句是必需的，否则每个while循环都无法终止。（　）√　（　）×

（2）阅读下面的代码，在空格处补充代码，以输出最小公倍数。

```
代码

1    #include <iostream>
2    using namespace std;
3
4    int main() {
5        int num1, num2, maxNum, minNum, lcm=1, i=1;
6
7        cout << "请输入第一个整数: ";
8        cin >> num1;
9        cout << "请输入第二个整数: ";
10       cin >> num2;
11
12       maxNum = (num1 > num2) ? num1 : num2;
13       minNum = (num1 < num2) ? num1 : num2;
14       while (true) {
15           lcm = maxNum * i;
16           if( _____ % _____ == 0) {
17               break;
18           }
19           i++;
20       }
21       cout << "最小公倍数为: " << lcm << endl;
22       return 0;
23   }
```

（3）编程程序，输入两个分数，通过计算输出它们通分后的分母，以及通分后各自分子的值。

输入示例：

请分别输入两个分数的分子与分母：1 3 6 5

输出示例：

通分后的分母值为：15
分数1通分后的分子值：5
分数2通分后的分子值：18

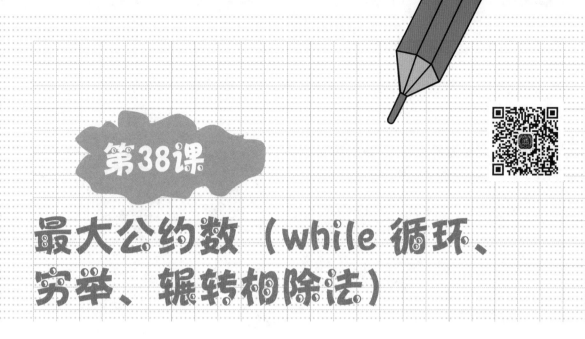

最大公约数（while 循环、穷举、辗转相除法）

每次提到最小公倍数，总会让我想起另外一个概念，那就是最大公约数。最大公约数也称为最大公因数、最大公因子，是指两个或多个整数中能够整除它们的最大正整数。换句话说，最大公约数是能够同时整除给定整数的最大整数。

对比学习

最大公约数是能够同时**整除**给定整数的最大整数。

最小公倍数是能同时**被**给定整数**整除**的最小整数。

一个是最大，一个是最小；一个是能整除，一个是能被整除。

例如：12和18的最大公约数是6。

▶ 温故知新

你可否记得在求最小公倍数时，我们采用了一种算法，从最大数开始+1，寻找最小公倍数。

试试逆向思维

求最大公约数，是不是可以从最小数开始−1来寻找呢？

（1）求出小数，gcd = (num1 < num2) ? num1 : num2，如果num1<num2，那么将num1赋值给gcd，否则将num2赋值给gcd。

（2）确定符合公约数的条件，同时满足整除给定的整数。用逻辑与符号（&&）连接num1 % gcd == 0和num2 % gcd == 0。

（3）从最小数开始-1，确保最先满足条件的是最大公约数。

试着完成程序。

```cpp
#include <iostream>
using namespace std;
int main() {
    int num1, num2, gcd;
    cout << "请输入第一个正整数：";
    cin >> num1;
    cout << "请输入第二个正整数：";
    cin >> num2;

    gcd = (num1 < num2) ? num1 : num2;
    while (gcd > 0) {
        if (num1 % gcd == 0 && num2 % gcd == 0) {
            break;
        }
        gcd--;
    }
    cout << "最大公约数为：" << gcd << endl;
    return 0;
}
```

运行程序：

请输入第一个正整数：12
请输入第二个正整数：18
最大公约数为：6

求最小公倍数是从大数开始+1，从小到大，一个一个地尝试；求最大公约数从小数开始-1，从大到小，一个一个地尝试。

▶ 提出思考

有没有更高效的算法呢？

当然有，可以试一试用辗转相除法求最大公约数。

先用两个数中较大的数除以较小的数，如果有余数，则用较小的那个数继续除以余数，按照这样的方法一直除下去，除到余数为0为止。最后的除数就是两个数的最大公约数。

辗转相除法

```
1    #include <iostream>
2    using namespace std;
3    int main() {
4        int num1, num2, temp;
5        cout << "请输入两个整数: ";
6        cin >> num1 >> num2;
7        while (num2 != 0) {
8            temp = num1 % num2;
9            num1 = num2;
10           num2 = temp;
11       }
12       cout << "最大公约数是: " << num1 << endl;
13       return 0;
14   }
```

运行程序：

请输入两个整数：12 18
最大公约数是：6

while循环一直执行直到num2的值为0。在循环的每次迭代中，程序计算num1除以num2的余数并将结果存储到temp变量中；然后，num1被赋值为原来的num2，而num2被赋值为temp。这个过程就是辗转相除法的关键，它不断用较小的数除以余数，直到余数为0。当余数为0时，此时num1的值就是最大公约数。

 划重点

辗转相除法的核心就在于这段循环程序，一起来拆解一番吧！

```
while (num2 != 0) {
    temp = num1 % num2;
    num1 = num2;
    num2 = temp;
}
```

按照辗转相除法的规则，将程序一行行拆解。

（1）先用两个数中较大的数除以较小的数。

程序直接使用num1 ％ num2，似乎并没有先计算出大数。那是因为只要进入循环就可以转变成大数除以小数。

试试看，假设num1 = 12为小数，num2 = 18为大数。

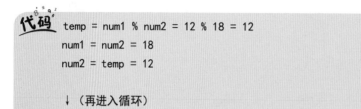

```
代码  temp = num1 % num2 = 12 % 18 = 12
      num1 = num2 = 18
      num2 = temp = 12


    ↓（再进入循环）


      temp = num1 % num2 = 18 % 12   （此时已经变成了大数除以小数了）
```

（2）如果有余数，则用较小的那个数继续除以余数，按照这样的方法一直除下去，除到余数为0为止。

这句规则可以拆分为以下两步：

①如果有余数，则用较小的那个数继续除以余数，<u>按照这样的方法一直除下去，除到余数为0为止。</u>

使用**while (num2 != 0) { }**判断最终余数是否为0，如果不为0，则继续循环。

②如果有余数，<u>则用较小的那个数继续除以余数，</u>按照这样的方法一直除下去，除到余数为0为止。

为什么num2会作为余数判断呢？因为循环体中有这行代码num2 = temp，它将余数最终赋值给了num2。

temp = num1 % num2;　　→ 求余数运算得到余数temp

num1 = num2;　　→ 将小数num2赋值给num1

num2 = temp;　　→ 将余数temp赋值给num2

这样num1变成了较小的那个数，num2变成了余数，再次执行循环体，num1 ％ num2就是较小数除以余数了。这段代码嵌套在循环体内，一直计算直到余数为0。

（3）最后的除数就是两个数的最大公约数。

余数为0，结束循环。**cout << "最大公约数是:"<< num1 << endl**输出num1为最大公约数。

可是余数是num2呀，为什么会输出num1呢？

因为代码按照顺序执行，在结束循环前执行了以下操作：

```
num1 = num2;
num2 = temp;
```

num1的值变成了num2，而num2的值却成了temp。

遇到复杂的编程题不用着急，按照算法规则一步一步地拆解，一句一句地实现。

那是老师给的方法，我想知道为什么辗转相除法求出的就是最大公约数？

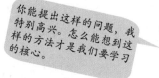

你能提出这样的问题，我特别高兴。怎么能想到这样的方法才是我们要学习的核心。

▶ **探索思考——裁纸的辗转相除**

有一张长方形的纸，长是50厘米，宽是20厘米，要把它裁成若干个大小相同的正方形，并要使正方形的边长尽可能大且纸张没有剩余，正方形边长应是多少厘米？

一起来感受一下裁纸的辗转相除。

纸张不能有剩余，也就是裁成的正方形的边长既是长方形长的约数，又是长方形宽的约数，也就是长方形长和宽的公约数。

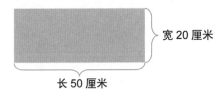

宽 20 厘米

长 50 厘米

（1）将宽20厘米作为最大边尝试裁剪，还有剩余。

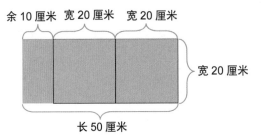

余 10 厘米　宽 20 厘米　宽 20 厘米

宽 20 厘米

长 50 厘米

相当于将较大数除以较小数（50÷20），得到两个边长为20厘米的正方形，余10厘米。

（2）对剩余纸张，继续将较短的边作为正方形的最大边进行裁剪。

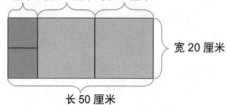

即20÷10的商为2，余数为0，得到两个边长为10厘米的正方形，没有剩余。

最终裁剪无剩余的最大正方形边长为10厘米，那么50和20的最大公约数就是10了。

这辗转相除太形象了，
尽在生活中。

▶ 巩固练习

（1）下面哪个C++程序段能够计算两个整数的最大公约数？（   ）

A.
```
while (num2 != 0) {
    temp = num1 % num2;
    num1 = num2;
    num2 = temp;
}
```

B.
```
while (num2 != 1) {
    temp = num1 % num2;
    num1 = num2;
    num2 = temp;
}
```

C.
```
while (num2 != 0) {
    temp = num1 % num2;
    num1 = temp;
    num2 = num1;
}
```

D.
```
while (num2 > 0) {
    temp = num1 % num2;
    num1 = num2;
    num2 = temp;
}
```

（2）阅读以下代码，填写程序运行的输出结果。

```cpp
1  #include <iostream>
2  using namespace std;
3
4  int main() {
5      int power = 1;
6      while (power <= 32) {
7          cout << power << " ";
8          power *= 2;
9      }
10     return 0;
11 }
```

输出：

（3）通过计算两个整数的最大公约数，可以确定它们是否互质，即它们没有共同的除数（除了1）。请编写一个C++程序，接收用户输入的两个整数，并使用辗转相除法来计算它们的最大公约数。然后，根据最大公约数是否为1，判断这两个整数是否互质，并输出相应的信息。

编写的程序需要包括以下步骤：

1️⃣ 提示用户输入两个正整数。

2️⃣ 使用辗转相除法来计算这两个正整数的最大公约数。

3️⃣ 判断最大公约数是否为1，如果是，则输出"这两个整数是互质的。"；如果不是，则输出"这两个整数不是互质的。"。

4️⃣ 最后，输出"最大公约数的值：X"。

示例1：

请输入两个正整数：15 5
这两个整数不是互质的。
最大公约数的值：5

示例2：

请输入两个正整数：3 5
这两个整数是互质的。
最大公约数的值：1

第39课

神奇的冰雹猜想
（while 循环、数字游戏）

冰雹云中，强烈的气流上升会带着许多大大小小的水滴和冰晶一起运动，其中一些水滴和冰晶会结合成较大的冰粒，冰粒在高空中受到上升气流的影响，在云层中忽上忽下，越积越大。当上升气流支撑不住大冰粒时，它就从云中落了下来，形成了我们所谓的冰雹。

"冰雹猜想"就是这个意思，它算来算去，数字忽大忽小，最后像冰雹似的掉下来，变成一个数字"1"。（冰雹猜想又被称为"角谷猜想"。）

▼ 冰雹猜想

输入一个正整数N

↓

如果是奇数，则下一步变成3N+1
如果是偶数，则下一步变成N/2

↓

如果N != 1，则继续按照上述规则计算画个流程图看看。

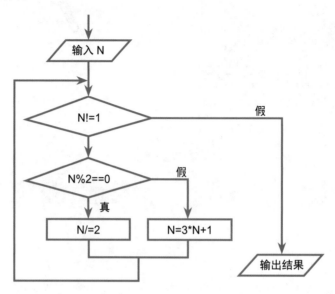

```
代码  1   #include <iostream>
      2   using namespace std;
      3   int main(){
      4       int num,i=0;
      5       cout << "请输入一个正整数：";
      6       cin >> num;
      7
      8       while(num != 1){
      9           cout << num << "→";
     10           if (num % 2 == 0){
     11               num /= 2;
     12           }
     13           else{
     14               num = 3 * num + 1;
     15           }
     16           i++;
     17       }
     18       cout << "1,路径长度为：" << i;
     19       return 0;
     20   }
```

运行程序：

请输入一个正整数：9

9→28→14→7→22→11→34→17→52→26→13→40→20→10→5→16→8→4→2→1，路径长度为：
19

记得增加一个变量 i，
用于记录路径的长度。

▶ 巩固练习

（1）完善冰雹猜想的流程图。

（2）阅读下面的代码，填写程序的输出结果。

```
1   #include <iostream>
2   using namespace std;
3   int main(){
4       int num, i=1;
5       cout << "请输入一个正整数：";
6       cin >> num;
7
8       while(num > 0){
9           if (num % 3 == 0){
10              num += 2;
11          }
12          else{
13              num -= 3;
14          }
15          i++;
16      }
17      cout << i;
18      return 0;
19  }
```

请输入一个正整数：9
输出：

（3）寻找整数。

编写一个C++程序，要求用户输入一个正整数N（大于或等于1），然后找出1~N中满足下列条件的整数。

条件：

数字除以3余2。

数字除以5余3。

数字除以7余2。

示例1：

输入一个正整数：200

23

128

示例2：

输入一个正整数：8
找不到符合条件的数字。

第40课

暴力破解（while 循环、条件设计、break）

面对6位数的数字密码，黑客们最常使用的破解之法就是暴力破解。所谓暴力破解，就是一种情况一种情况地尝试。

6位数字的密码从000000~999999，一共有多少种可能呢？逐一尝试密码，直到验证到正确密码。这种尝试列举所有可能的情况或选项，以找到解决问题的正确答案或者最优解的方法被称为"穷举"。

▼ 暴力破解

现在我们通过编程穷举6位数字密码，找到正确密码并输出。

```
1    #include <iostream>
2    #include <string>
3    using namespace std;
4    int main() {
5        string password = "002023";
6        int num = 0;
7        int numCopy;
8        string guess = "";
9        int discuss;
10       while(num <= 999999) {
11           numCopy = num;
12           discuss = 100000;
13           while(discuss != 0) {
```

```
代码 14  switch(numCopy/discuss) {
     15      case 0:
     16          guess += "0";
     17          break;
     18      case 1:
     19          guess += "1";
     20          break;
     21      case 2:
     22          guess += "2";
     23          break;
     24      case 3:
     25          guess += "3";
     26          break;
     27      case 4:
     28          guess += "4";
     29          break;
     30      case 5:
     31          guess += "5";
     32          break;
     33      case 6:
     34          guess += "6";
     35          break;
     36      case 7:
     37          guess += "7";
     38          break;
     39      case 8:
     40          guess += "8";
     41          break;
     42      case 9:
     43          guess += "9";
     44          break;
     45  }
     46  numCopy = numCopy % discuss;
     47  discuss /= 10;
     48  }
     49  if(guess == password) {
     50      break;
```

```
51          }
52          else{
53              guess = "";
54              num++;
55          }
56      }
57      cout << "终于破解了，密码是：" << guess;
58      return 0;
59  }
```

运行程序：

终于破解了，密码是：002023

程序思路

（1）因为是6位数字密码，在整数类型中无法表示类似000009这样的数字，所以改用**字符串**对密码进行存储。

（2）定义一个字符串password，它表示要破解的目标密码，初始值为"002023"，这个6位数字密码可以由你设定。

（3）定义一个整数num，用于尝试破解密码。初始值为0，表示从0开始尝试破解密码，直到增加至999999或者找出正确密码。

（4）定义一个整数discuss，它表示一个用于提取num每一位数字的除数，初始值为100000。

（5）定义一个整数numCopy，用于在内部循环中存储num的副本（使得内层循环不改变num），通过不断进行取模运算numCopy % discuss来更新numCopy和执行discuss /= 10，拆解出一个6位数字的各位上的数字。

（6）定义一个空字符串guess，用于存储当前尝试的密码组合。将numCopy拆解出来的数字，使用**switch语句将对应的字符串拼接到guess中**。例如，如果当前位的数字是3，那么我们将"3"拼接到guess。

（7）使用外层的while循环不断增加num的值，同时在内层循环中提取num的每一位数字，将它转换为字符串，并添加到guess中，直到找到与password相匹配的密码或尝试完所有可能的密码组合，结束循环输出结果。

双重循环

外层循环判断条件是num要小于或等于999999，如果满足就进入循环。这可以实现暴力破解，将所有可能的密码穷举一遍。

通过if语句进行组合密码与真实密码的比对，如果相等就跳出循环，否则num继续自增。

```cpp
if(guess == password){
    break;
}
else{
    guess = " ";
    num++;
}
```

内层循环实现num各位数的提取以及密码guess的组合。条件 **discuss != 0** 用于判断numCopy的每一位数字是否提取以及是否与字符串匹配。

划重点

循环中的break通常与if条件一起使用。当某个条件满足时，break会立即终止当前循环的执行，使程序跳出循环体，继续执行循环后的代码。

```cpp
while (condition) {
    // 一些代码
    if (some_condition) {
        break;  // 当某个条件满足时，跳出循环
    }
    // 更多代码
}
```

程序中满足密码匹配后，立即执行break跳出循环。

▶ 巩固练习

（1）假设有一个整数num=12345，要提取它的千位数字，应该使用哪个操作？（   ）

    A．num % 10

    B．num / 10

    C．(num % 10000) / 1000

    D．num / 1000

（2）break 关键字的主要作用是什么？（　　）

    A．继续执行循环内的下一次迭代

    B．中止当前循环或switch语句的执行

    C．声明变量

    D．打印信息到控制台

（3）编写一个C++程序，接收用户输入的一组整数，并计算用户输入的数字之和，当和大于1000时，停止输入并且输出求和结果。

示例：

请输入一个整数：100

请输入一个整数：2

请输入一个整数：200

请输入一个整数：800

数字之和为：1102

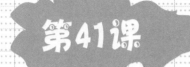

第41课

无限次的密码箱
(do-while 循环)

这个密码箱拥有一个3位数字的密码，它没有输入错误就锁定的功能，所以可以无限次密码尝试，直到输对密码打开它。

▼ 输入密码

```cpp
1   #include <iostream>
2   using namespace std;
3   int main(){
4       int mima,password = 123;
5
6       do{
7           cout << "输入密码：";
8           cin >> mima;
9       }
10      while(mima != password);
11
12      cout << "恭喜你打开密码箱！";
13      return 0;
14  }
```

运行程序：

输入密码：111
输入密码：222
输入密码：333
输入密码：123
恭喜你打开密码箱！

 划重点

do-while是一种新的循环结构：

```
do{
    执行语句
}
while(条件);
```

先执行do{}的指令，再进行while(条件)判断。

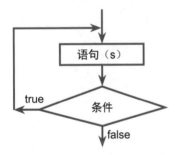

while的结构如下：

```
while(条件){
    执行语句
}
```

先进行条件判断，再决定是否执行语句。

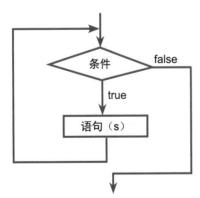

do-while 和 while 有很大的区别，do-while 会先执行一次。

267

▼ 找出水仙花数

```cpp
1   #include <iostream>
2   #include <math.h>
3   using namespace std;
4   int main() {
5
6       // 1. 先打印三位数字
7       int num = 100;
8       do
9       {
10          // 2. 从所有三位数中找到水仙花数
11          // 使用pow(x, y)可计算出x的y次幂；需要引入 math.h 头文件
12          int a = pow( (num % 10), 3); // 获取个位数的 3 次幂
13          int b = pow( ((num / 10) % 10), 3); // 获取十位数的 3 次幂
14          int c = pow( (num / 100), 3); // 获取百位数的 3 次幂
15
16          if ((a + b + c) == num) // 是水仙花数才打印
17          {
18              cout << num << endl;
19          }
20          num++;
21      }
22      while (num < 1000);
23      return 0;
24  }
```

运行程序：

153
370
371
407

先计算再判断，do先行，判断在后。

敲黑板

do—while是一个后判断循环，每次循环完成后，才判断其表达式。

while是一个前判断循环，每次进入循环前，先进行表达式判断。

▶ **巩固练习**

（1）以下程序中没有语法错误的是（　　）。

A.
```
do{
    cout << "输入密码：";
    cin >> mima;
}
while(mima != password)
```

B.
```
do(
    cout << "输入密码：";
    cin >> mima;
)
while(mima != password);
```

C.
```
do{
    cout << "输入密码：";
    cin >> mima;
}
while(mima != password);
```

D.
```
do{
    cout << "输入密码：";
    cin >> mima;
}
While{mima != password};
```

（2）阅读代码，填写程序运行后的输出结果。

```
1   #include <iostream>
2   using namespace std;
3   int main(){
4       int x = 6;
5       do{
6           x = x - 2;
7           cout << x - 2;
8       }
9       while(x);
10      return 0;
11  }
```

输出：

（3）仓库里有一些箱子，每个箱子里都有一个数字，现在需要挑出n个箱子，将这n个箱子中的数字总和计算出来。请你编写这样一个程序来帮助我们完成。

输入：

第一行输入挑出箱子的数量n，表示一共挑出多少个箱子。
第二行输入n个数字，代表这n个箱子里各自的数字。

输出：

输出数字总和sum。

示例：

10
1 2 3 4 5 6 7 8 9 10
55

倒立的数字（do-while 应用、回文数）

你会倒立吗？将头朝下，脚朝上就完成了倒立。但是数字倒立，你知道是怎么回事吗？

例如：数字123456789倒立成987654321。

哈哈，人倒立是上下颠倒，数字倒立成左右颠倒了。

倒立的数字

代码

```
1    #include <iostream>
2    using namespace std;
3    int main(){
4        int num;
5        cin >> num;
6
7        do{
8            cout << num % 10;
9            num /= 10;
10       }while(num!=0);
11       return 0;
12   }
```

运行程序：

123456789
987654321

（1）do {...} while (num != 0)：通过do-while循环，反复执行循环内的代码，直到num的值变成0，此时已经输出了最后一位数字。

（2）cout << num % 10：在每次循环迭代中，程序将num的个位数字（通过num % 10取余运算得到）输出，使得从整数的最低位开始逆序输出数字。

（3）num /= 10：程序通过除以10来将num的位数向右移动一位，以准备输出下一个位数。

例如，整数先相除，1234/10=123，接下来再除10求余，得到的就是3了。

▼ 回文数

掌握了如何将数字倒立，接下来就可以判断一个数字是不是回文数了。

对于一个数字n，如果将它各位数字反向排列后得到的数字等于n本身，就称n为回文数。例如：1234321反向排列后仍为1234321。

```cpp
1   #include <iostream>
2   using namespace std;
3
4   int main() {
5       int num, reversedNum = 0, originalNum, remainder;
6
7       cout << "请输入一个整数: ";
8       cin >> num;
9
10      originalNum = num; // 保存原始输入的值
11
12      do {
13          remainder = num % 10;        // 获取最后一位数字
14          reversedNum = reversedNum * 10 + remainder; // 倒转数字
15          num /= 10;                    // 移除最后一位数字
16      } while (num != 0);
```

```
17
18    if (originalNum == reversedNum) {
19        cout << originalNum << " 是回文数" << endl;
20    } else {
21        cout << originalNum << " 不是回文数" << endl;
22    }
23
24    return 0;
25 }
```

运行程序：

请输入一个整数：666888666
666888666 是回文数

敲黑板

通过不断÷10求余的方式取得的数字，在生成倒转的数字时，记得要不断×10。

reversedNum = reversedNum * 10 + remainder

例如：121。

第一步

取出第一个数字1

倒转数字reversedNum = 1

↓

第二步

取出第二个数字2

倒转数字reversedNum的第一位需要通过×10向前移动，即1×10+2=12

↓

第三步

取出第三个数字1

倒转数字reversedNum的数字需要通过×10继续向前移动，即12×10+1=121

▶ 巩固练习

（1）以下哪个选项属于回文？（　　）

　　A．人人为我，我为人人　　　　　　B．12345678987654321；

　　C．Abcbca　　　　　　　　　　　　D．WorldWorld

（2）阅读代码，填出程序运行结果。

```
代码  1   #include <iostream>
      2   using namespace std;
      3   int main() {
      4       int num, sum = 0, count = 0;
      5       cout << "请输入一系列整数： " << endl;
      6
      7       do {
      8           cin >> num;
      9           if (num > 0) {
      10              sum += num;
      11          }
      12          count++;
      13      } while (count<5);
      14      if (count > 0) {
      15          double average = sum / count;
      16          cout << "平均值： " << average << endl;
      17      } else {
      18          cout << "没有输入有效的整数。" << endl;
      19      }
      20
      21      return 0;
      22  }
```

请输入一系列整数：

-10

8

9

6

-2

输出：_____

（3）编写一个C++程序，要求用户输入一组整数，直到输入0后停止输入。然后，计算并输出数字中正整数的和。

示例：

请输入正整数（输入0以结束）：

5

8

3

−12

0

总和：16

紧箍咒（for 循环）

　　紧箍咒一念，孙悟空头上的紧箍就会收缩，让悟空头痛欲裂。紧箍咒好像是"唵嘛呢叭咪吽"这样念的。

　　如果让程序把紧箍咒念上10遍，需要怎么做呢？

▶ **温故知新**

（1）直接输出10次。

```
代码   1    #include <iostream>
       2    using namespace std;
       3
       4    int main(){
       5        cout << "唵嘛呢叭咪吽" << endl;
       6        cout << "唵嘛呢叭咪吽" << endl;
       7        cout << "唵嘛呢叭咪吽" << endl;
       8        cout << "唵嘛呢叭咪吽" << endl;
       9        cout << "唵嘛呢叭咪吽" << endl;
      10        cout << "唵嘛呢叭咪吽" << endl;
      11        cout << "唵嘛呢叭咪吽" << endl;
      12        cout << "唵嘛呢叭咪吽" << endl;
      13        cout << "唵嘛呢叭咪吽" << endl;
      14        cout << "唵嘛呢叭咪吽" << endl;
      15        return 0;
      16    }
```

（2）使用while循环更便捷，但总要考虑循环结束条件是i<10还是i<=10，一不小心就容易出错。

```cpp
1  #include <iostream>
2  using namespace std;
3
4  int main() {
5      int i = 0;
6      while(i<10) {
7          cout << "唵嘛呢叭咪吽" << endl;
8          i++;
9      }
10     return 0;
11 }
```

（3）使用do-while与while差不多。

```cpp
1  #include <iostream>
2  using namespace std;
3
4  int main() {
5      int i = 0;
6      do{
7          cout << "唵嘛呢叭咪吽" << endl;
8          i++;
9      }while(i<10);
10     return 0;
11 }
```

▼ 紧箍咒for循环

有没有想过为什么已经有了while循环还要设计for循环呢？

在使用while循环的时候，总需要我们事先思考出结束的条件，还有当遇到连续计数输出时，需要先声明一个变量i，在循环体内不断地进行i++，再进行while（对i进行判断）。

尝试将它们融合就有了for(int i = 0; i<10; i++) {}。

代码

```
1    #include <iostream>
2    using namespace std;
3
4    int main() {
5        for(int i = 0; i<10; i++) {
6            cout << "唵嘛呢叭咪吽" << endl;
7        }
8        return 0;
9    }
```

运行程序：

唵嘛呢叭咪吽
唵嘛呢叭咪吽
唵嘛呢叭咪吽
唵嘛呢叭咪吽
唵嘛呢叭咪吽
唵嘛呢叭咪吽
唵嘛呢叭咪吽
唵嘛呢叭咪吽
唵嘛呢叭咪吽
唵嘛呢叭咪吽

对比学习

从while循环演变到for循环，进行了组合创新。

```
#include <iostream>
using namespace std;

int main() {
    int i = 0;
    while(i<10) ; {
        cout << "唵嘛呢叭咪吽" << endl;
        i++;
    }
    return 0;
}
```

```
#include <iostream>
using namespace std;

int main() {
    for(int i = 0; i<10; i++) {
        cout << "唵嘛呢叭咪吽" << endl;
    }
    return 0;
}
```

对于连续数列循环，使用for循环更便捷。

▼ 儿时游戏

儿时特别爱玩"老狼老狼几点钟？"的游戏。小朋友A背对着其他小朋友站立不动，问："老狼老狼几点钟？"其他小朋友在此期间快速跑向那位小朋友，试图拍他的肩膀来取胜。

随后小朋友A自己回答"1点钟"并转身，此时跑动的小朋友必须立马停下不再跑动，否则就算被抓住了。小朋友A再次背过身去问："老狼老狼几点钟？"此时其他小朋友可以再次跑动。重复这个过程，直到小朋友A回答"12点钟"的时候，他就会跑去抓其他小朋友，抓住了他就赢了。

老狼老狼几点钟？1点钟

老狼老狼几点钟？2点钟

......

老狼老狼几点钟？11点钟

老狼老狼几点钟？12点钟

看看其中哪些是重复不变的，可以写成字符串；哪些是规律变化的，可以用变量替代。

↓

老狼老狼几点钟？12点钟 → "老狼老狼几点钟？" + 变量 + "点钟"

```
1   #include <iostream>
2   using namespace std;
3
4   int main() {
5       for(int i = 1; i<=12; i++) {
6           cout << "老狼老狼几点钟？" << i << "点钟" << endl;
7       }
8       cout << "我来抓你们了！";
9       return 0;
10  }
```

运行程序：

老狼老狼几点钟？1点钟

老狼老狼几点钟？2点钟

老狼老狼几点钟？3点钟

老狼老狼几点钟？4点钟

老狼老狼几点钟？5点钟

老狼老狼几点钟？6点钟

老狼老狼几点钟？7点钟

老狼老狼几点钟？8点钟

老狼老狼几点钟？9点钟

老狼老狼几点钟？10点钟

老狼老狼几点钟？11点钟

老狼老狼几点钟？12点钟

我来抓你们了！

（1）对于几点钟，用变量i替代了int i。

（2）因为数数是从1点钟开始的，所以int i=1，便于计数。

（3）一直数到12点，并且包括了12，所以条件设置为i<=12。

（4）每次数数都会增加1，所以将变量增加设置为i++。

程序逻辑

第1次循环：i=1满足条件1<=12，输出"老狼老狼几点钟？1点钟"，i自增1为2。

第2次循环：i=2满足条件2<=12，输出"老狼老狼几点钟？2点钟"，i自增1为3。

……

第11次循环：i=11满足条件11<=12，输出"老狼老狼几点钟？11点钟"，i自增1为12。

第12次循环：i=12满足条件12<=12，输出"老狼老狼几点钟？12点钟"，i自增1为13。

再想进入循环，i=13不满足条件，13<=12为假，循环结束。

程序按照 ① → ② → ③ → ④ 的方向运行。

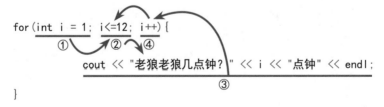

满足条件则按照②→③→④→②周而复始，直到条件不成立，结束循环。

 划重点

for循环的结构如下：

for(声明循环变量并赋初始值; 循环条件表达式; 循环变量更新) { 执行语句}

for循环圆括号中各参数用;隔开，第一部分用于声明变量，并赋予序列初始值；第二部分作为每次是否进入循环的判断条件；第三部分用于更新循环变量的值。

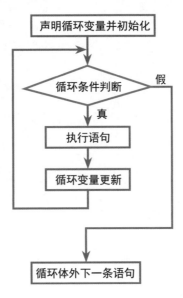

▶ 巩固练习

（1）在C++中，下面的for循环将执行多少次？（　　）

```
1   #include <iostream>
2   using namespace std;
3   int main(){
4       for (int i = 0; i < 5; i++) {
5           cout << i << endl;
6       }
7       return 0;
8   }
```

A. 4次　　　　B. 5次

C. 6次　　　　D. 无限次

（2）在C++中，下面的for循环的输出是什么？

```
代码  1    #include <iostream>
      2    using namespace std;
      3    int main() {
      4        for (int i = 10; i > 0; i -= 2) {
      5            cout << i << " ";
      6        }
      7        return 0;
      8    }
```

输出：＿＿＿＿＿＿＿＿＿＿＿＿＿＿＿＿＿＿＿＿＿＿＿＿

（3）编写一个C++程序，使用for循环打印1到10的数字。

（4）编写一个C++程序，使用for循环打印0~100的所有偶数。

第44课

分成两队（for 循环、if 语句、累加）

使用for进行累加计算会更便捷，尝试使用for循环计算出从1一直累加到2023的总和吧。

要注意变量初始值和循环条件的匹配！

▶ 温故知新

自己试一试吧！

```cpp
1   #include <iostream>
2   using namespace std;
3   int main(){
4       int sum = 0;
5       for(int i = 1;i<=2023;i++){
6           sum += i;
7       }
8       cout << sum;
9       return 0;
10  }
```

运行程序：

2047276

注意

变量赋值sum=0可不能放在for循环体内，否则每次循环开始sum又会变成0，之前的加法运算就浪费了。

 敲黑板

循环变量i大有用处。在这个程序中，i既充当了**计数条件**，又充当了**程序的加数**，因此在设置i时需要同时考虑这两个角色的作用。

如果循环变量i只用作计数条件，则只需要考虑次数。

只用作计数条件

例如：输出"我爱C++"5遍。

（1）i初始值为0，条件是i<5，i++，i一次加1循环数字0,1,2,3,4，一共计数5次。

```
1  #include <iostream>
2  using namespace std;
3  int main() {
4      for(int i = 0;i<5;i++) {
5          cout << "我爱C++" << endl;
6      }
7      return 0;
8  }
```

（2）i初始值为1，条件是i<=5，i++，i一次加1循环数字1,2,3,4,5，一共计数5次。

```
1  #include <iostream>
2  using namespace std;
3  int main() {
4      for(int i = 1;i<=5;i++) {
5          cout << "我爱C++" << endl;
6      }
7      return 0;
8  }
```

（3）i初始值为10，条件是i>0，i-2，i一次减2循环数字10,8,6,4,2，一共计数5次。

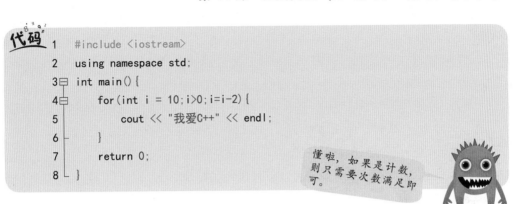

```
1    #include <iostream>
2    using namespace std;
3    int main() {
4        for(int i = 10; i>0; i=i-2) {
5            cout << "我爱C++" << endl;
6        }
7        return 0;
8    }
```

懂啦，如果是计数，则只需要次数满足即可。

▼ 分成两队

18名小精灵列队出发，奇数编号站一队，偶数编号站一队，就像下面这样：

```
 1  2
 3  4
 5  6
 7  8
 9 10
11 12
13 14
15 16
17 18
```

能用程序帮帮它们吗？

```
1    #include <iostream>
2    #include <iomanip>
3    using namespace std;
4    int main() {
5        for(int i = 1; i<=18; i++) {
6            if(i % 2 != 0) {
7                cout << setw(2) << i << " ";
8            }
9            else {
10               cout << setw(2) << i << endl;
```

```
代码  11 ┤          }
      12 ┤       }
      13 ┤       return 0;
      14 └  }
```

（1）循环变量i既需要作为编号输出，又需要作为循环计数。因此设置i的初始值为1，循环条件是i小于或等于18，i逐一增加，一共循环18次。

（2）配合if语句，如果是奇数编号，后面接一个空格：

```
if(i % 2 != 0){
    cout << setw(2) << i << " ";
}
```

如果是偶数编号，则换一行输出：

```
else{
    cout << setw(2) << i << endl;
}
```

▶ 巩固练习

（1）下面哪一种for循环的语法是正确的？（　　）

　　A．for (int i = 0; i <= 5; i++)

　　B．for (i = 0; i <= 5; i++);

　　C．for (i = 0; i <= 5)

　　D．for (int i = 0; i++)

（2）完善以下代码，使用for循环语句输出100、99、98、…、2、1、0。

```
代码  1  #include <iostream>
      2  using namespace std;
      3  int main(){
      4      for(_____; _____ ; i--){
      5          cout << i << endl;
      6      }
      7      return 0;
      8  }
```

（3）如果想将18名小精灵分成3队，排列成以下这样：

1　2　3
4　5　6
7　8　9
10　11　12
13　14　15
16　17　18

你可以使用类似的for循环来实现这个排列吗？

第45课

求和升级（for 循环、if 语句）

传说在一座神秘的寺庙里隐藏着古老的智慧。然而，通往寺庙的道路被两座大山挡住了，大山上有两个变换的数字。打开两座大山之间道路的密码就是这两个数字之间的偶数和与奇数和的组合。

例如：1和10两个数字，它们之间偶数和为30，奇数和为25，那么密码就是3025。

现在运用你的智慧找出打开大山的密码吧。

▼ 求和升级

简单地从1加到100肯定难不倒你，试试这个吧，将偶数和奇数分开求和。

```
1    #include <iostream>
2    using namespace std;
3    int main() {
4        int num1, num2;
5        int evenSum = 0;  // 用于存储偶数和
6        int oddSum = 0;   // 用于存储奇数和
7
```

```
8        cout << "请输入两个正整数: ";
9        cin >> num1 >> num2;
10
11       // 确保num1小于或等于num2，如果不是，则交换它们
12       if (num1 > num2) {
13           int temp = num1;
14           num1 = num2;
15           num2 = temp;
16       }
17
18       for (int i = num1; i <= num2; i++) {
19           if (i % 2 == 0) {
20               // 如果是偶数，就加入偶数和
21               evenSum += i;
22           } else {
23               // 如果是奇数，就加入奇数和
24               oddSum += i;
25           }
26       }
27
28       cout << "在" << num1 << "和" << num2 << "之间的偶数和为: " << evenSum
     << endl;
29       cout << "在" << num1 << "和" << num2 << "之间的奇数和为: " << oddSum
     << endl;
30       cout << "密码是: " << evenSum << oddSum;
31       return 0;
32   }
```

运行程序：

请输入两个正整数：100 1
在1和100之间的偶数和为：2550
在1和100之间的奇数和为：2500
密码是：25502500

（1）使用比较交换的方法，确保num1是小数，num2
是大数，否则后面的循环起始值就不好确定了，万一从
大数，条件是小于小数，这不直接就结束循环了吗。

这点我还没没真没考虑到，应先输入大数。

```
        if (num1 > num2) {
            int temp = num1;
            num1 = num2;
            num2 = temp;
        }
```

（2）for (int i = num1; i <= num2; i++) {}：从小数num1开始循环，直到num2。

（3）将偶数累加到evenSum，将奇数累加到oddSum。

```
    if (i % 2 == 0) {
        // 如果是偶数，就加入偶数和
        evenSum += i;
    } else {
        // 如果是奇数，就加入奇数和
        oddSum += i;
    }
```

（4）最后将两个求和依次输出：cout << "密码是：" << evenSum << oddSum。

▶ 巩固练习

（1）以下哪段程序运行后，num1是大数，num2是小数？（   ）

　　A.
```
    if (num1 > num2) {
        int temp = num1;
        num1 = num2;
        num2 = temp;
    }
```

　　B.
```
    num1 = (num1<num2)?num2:num1;
    num2 = (num1<num2)?num1:num2;}
```

　　C.
```
    int temp = (num1<num2)?num2:num1;
    num1 = temp;
```

　　D.
```
    if (num1 < num2) {
        int temp = num1;
        num1 = num2;
        num2 = temp;
    }
```

（2）阅读下面的代码，填写程序运行后的输出结果。

```
1   #include <iostream>
2   using namespace std;
3   int main() {
4       int num1, num2;
5       int sum = 0;
6
7       cout << "请输入两个正整数: ";
8       cin >> num1 >> num2;
9
10      if (num1 > num2) {
11          int temp = num1;
12          num1 = num2;
13          num2 = temp;
14      }
15
16      for (int i = num1; i <= num2; i++) {
17          if (i % 3 == 0 && i % 5 == 0) {
18              sum++;
19          }
20      }
21
22      cout << sum;
23
24      return 0;
25  }
```

请输入两个正整数: 30 1

输出: _____

（3）使用for循环编写程序，输入两个正整数，对两数之间的3的倍数进行累加求和，并输出和。

示例:

请输入两个正整数:1 10

在1和10之间的3的倍数之和是:18

第46课

给不起的麦子（for 循环、累乘、溢出）

有这样一个很著名的故事，国王要重赏国际象棋的发明者达依尔，国王问："你想要什么奖励？"达依尔指着国际象棋的棋盘，对国王说："我只要在棋盘上放麦子，每一小格的麦子都比前一小格多一倍。第一格放1颗，第二格放2颗，第三格放4颗，第四格放8颗，第五格放16颗……按这个方法，我只要这棋盘上64个小格的麦子！"

国王以为要不了多少粮食，随口就答应了。但是还没有放到20格，一袋麦子就空了，后来粮仓空了，就算把全国的粮食都给他，都还不够！

你知道放满这个棋盘要多少颗麦子吗？

▼ 给不起的麦子

```
1   #include <iostream>
2   using namespace std;
3   int main(){
4       int sum=1;
5       for(int i=1;i<=64;i++){
6           cout << i << "  " << sum << endl;
7           sum *= 2;
8       }
9       return 0;
10  }
```

运行程序：

```
1    1
2    2
3    4
4    8
5    16
6    32
7    64
8    128
9    256
10   512
11   1024
12   2048
13   4096
14   8192
15   16384
16   32768
17   65536
18   131072
19   262144
20   524288
21   1048576
22   2097152
23   4194304
24   8388608
25   16777216
26   33554432
27   67108864
28   134217728
29   268435456
30   536870912
31   1073741824
32   -2147483648
33   0
34   0
35   0
36   0
37   0
38   0
```

39	0
40	0
41	0
42	0
43	0
44	0
45	0
46	0
47	0
48	0
49	0
50	0
51	0
52	0
53	0
54	0
55	0
56	0
57	0
58	0
59	0
60	0
61	0
62	0
63	0
64	0

（1）for(int i=1;i<=64;i++)：通过for循环依次向棋盘的64个格子中放入麦子。

（2）sum *= 2：后一个格子是前一个格子的两倍。

▶ 提出思考

（1）为什么在放第32个的时候出现负数？

int类型能表示的最大正整数为：0111 1111 1111 1111 1111 1111 1111 1111（最高位是符号位，正数符号位为0，负数符号位为1），对应的十进制数为$2^{31}-1=2147483647$。取值范围为$-2,147,483,648 \sim 2,147,483,647$。

（2）能明白数字为什么是2,147,483,647，但是不知道为什么是-2,147,483,648呢？

在C++中，整数类型数值的最大溢出通常会导致结果变为负数的最小值，这是因为C++中整数类型的表示采用的是二进制补码表示法。在这种表示方法中，最高位表示符号位，0表示正数，1表示负数。当一个整数类型的变量值溢出时，其二进制表示的最高位会变为1，在十进制中也就变成了−2,147,483,648，从而将结果解释为负数。

　　下面用一个简单的示例来说明这个概念。假设我们使用一个8位的有符号整数类型，它的最大值是127（01111111，二进制表示），最小值是−128（10000000，二进制表示）。如果我们将最大值127加1，即发生了溢出，其二进制表示将变为10000000，这个二进制数在有符号整数表示中被解释为−128，而不是128。

　　（3）最后为什么又成0了呢？

　　当sum等于负数的最小值时，继续乘以2将导致数值溢出，并且结果会变为0。这是因为在二进制补码表示法中，负数的最小值（即最高位为1，其余位为0）向左移位一次后会变成0。

　　试试数据类型long long

long long

```cpp
#include <iostream>
using namespace std;
int main(){
    long long sum=1;
    for(int i=1;i<=64;i++){
        cout << i << "  " << sum << endl;
        sum *= 2;
    }
    return 0;
}
```

运行程序：

```
1    1
2    2
3    4
4    8
5    16
6    32
7    64
8    128
9    256
10   512
```

11 1024
12 2048
13 4096
14 8192
15 16384
16 32768
17 65536
18 131072
19 262144
20 524288
21 1048576
22 2097152
23 4194304
24 8388608
25 16777216
26 33554432
27 67108864
28 134217728
29 268435456
30 536870912
31 1073741824
32 2147483648
33 4294967296
34 8589934592
35 17179869184
36 34359738368
37 68719476736
38 137438953472
39 274877906944
40 549755813888
41 1099511627776
42 2199023255552
43 4398046511104
44 8796093022208
45 17592186044416
46 35184372088832
47 70368744177664
48 140737488355328

49　281474976710656

50　562949953421312

51　1125899906842624

52　2251799813685248

53　4503599627370496

54　9007199254740992

55　18014398509481984

56　36028797018963968

57　72057594037927936

58　144115188075855872

59　288230376151711744

60　576460752303423488

61　1152921504606846976

62　2305843009213693952

63　4611686018427387904

64　−9223372036854775808

long long的范围是−9223372036854775808~9223372036854775807，与结果相比就差1了，我们让sum减1试试看是否还会溢出。

64　9223372036854775807

快看，输出没有溢出边界了。

▶ 巩固练习

（1）假设一个8位有符号整数的最大值是127（01111111，二进制表示），最小值是−128（10000000，二进制表示）。如果将127加1，会发生什么？（　　）

　　　A．结果变为0　　B．结果变为128　　C．结果变为−128　　　D．结果变为−127

（2）下面哪个数据类型可以用来容纳大整数值，以避免整数溢出？（　　）

　　　A．int　　　　B．float　　　　C．long long　　　D．double

（3）水仙花数也被称为自恋数、阿姆斯特朗数，是一种特殊的整数。一个n位数如果等于其各位数字的n次幂之和，则被称为水仙花数。例如，153是一个水仙花数，因为$1^3 + 5^3 + 3^3 = 153$。

使用一个for循环，找出100~999的所有水仙花数并输出，各数字之间用空格隔开。

第47课

谁是窃贼（for 循环、if 语句、逻辑）

逻辑大考验，快来挑战！

某银行被窃，甲、乙、丙、丁四人被涉嫌拘审。侦破结果表明，罪犯就是其中的某一个人。

警察逐一询问

甲说："是丙偷的。"

乙说："我没偷。"

丙说："我也没偷。"

丁说："如果乙没有偷，那么就是我偷的。"

现已查明，其中只有一个说了假话，你能找出谁是窃贼，又是谁说了假话吗？

▶ 逻辑思考

将甲、乙、丙、丁说的话，转成数字与程序，借助计算机的算力帮我们找出窃贼，揪出说谎者。

假设窃贼是x（一个变量），将甲、乙、丙、丁分别对应数字1、2、3、4。

● 如果x等于1，那么窃贼就是甲。

● 如果x等于2，那么窃贼就是乙。

● 如果x等于3，那么窃贼就是丙。

● 如果x等于4，那么窃贼就是丁。

现在我们在将他们说的话用程序语言表达一番：

（1）甲说："是丙偷的。"如果甲是真话那么丙是窃贼，用程序表达为x==3。

懂了，x 表示窃贼，如果和 3 相等就说明丙是窃贼。

（2）乙说："我没偷。"如果乙说的是真话，那么乙不是窃贼，可以表达为x!=2。

（3）丙说："我也没偷。"如果丙说的是真话，那么可以表达为x!=3。

（4）丁说："如果乙没偷，那么就是我偷的。"这是什么意思呢？直接用程序表达有点难了。这句话其实表示窃贼不是乙就是丁，程序表达为x==2 ‖ x==4，窃贼是乙或者是丁。

↓

到这里程序完成了一半，继续分析。

↓

对于丁说的话，程序这样表达会不会更好理解一些：(x!=2&&x!=4) ‖ (x==2&&x!=4)，因为 x 不可能同时等于 2 和 4，所以 x==2 ‖ x==4 也是可以的。

其中只有一个说了假话。

这些表达式中只有一个为false，其他为true，而true用数字1表示，false用数字是0表示。

只有一个false，那么这几个表达式相加的结果应该等于3：(x==3) + (x!=2) + (x!=3) + (x==2‖x==4) ==3。

而窃贼只有一个，将x从1到4逐一测试，只要满足只有一人说假话的条件，就能找到窃贼。

▼ 谁是窃贼

（1）for(int x=1;x<=4;x++){}：将甲、乙、丙、丁的数字代号逐一测试。

（2）(x==3) + (x!=2) + (x!=3) + (x==2‖x==4) == 3：将满足3句真话1句假话的情况下的x找出来。

（3）通过switch case输出窃贼。

（4）再将4句话进行逐一判断，找出不为真的那个人，就是说假话的那个人。

代码

```cpp
1    #include <iostream>
2    using namespace std;
3    int main() {
4        int lie;
5        for(int x=1;x<=4;x++) {
6            if((x==3) + (x!=2) + (x!=3) + (x==2||x==4) == 3) {
7                lie = x;
8                switch (lie) {
9                    case 1:
10                        cout << "甲是窃贼。" << endl;
11                        break;
12                    case 2:
13                        cout << "乙是窃贼。" << endl;
14                        break;
15                    case 3:
16                        cout << "丙是窃贼。" << endl;
17                        break;
18                    case 4:
19                        cout << "丁是窃贼。" << endl;
20                        break;
21                }
22            }
23        }
24
25        if(!(lie==3)) {
26            cout << "甲说的是假话。" << endl;
27        }
28        else if(!(lie!=2)) {
29            cout << "乙说的是假话。" << endl;
30        }
31        else if(!(lie!=3)) {
32            cout << "丙说的是假话。" << endl;
33        }
34        else if(!(lie==2||lie==4)) {
35            cout << "丁说的是假话。" << endl;
36        }
37        return 0;
38    }
```

运行程序：

丁是窃贼。

甲说的是假话。

▶巩固练习

（1）以下程序运行后的结果是？（　　）

```
1  #include <iostream>
2  using namespace std;
3  int main() {
4      int x=1, y=1, z=0;
5      z=x++||y++;
6      cout << x << y << z;
7      return 0;
8  }
```

A. 100   B. 011

C. 211   D. 001

（2）阅读下面的程序，填写输出结果。

```
1  #include <iostream>
2  using namespace std;
3  int main() {
4      int i;
5      cin >> i;
6      if(i++ > 5) {
7          cout << i;
8  }
```

```
代码
9    else{
10       cout << i--;
11   }
12   return 0;
13  }
```

输入：6

输出：＿＿＿＿＿＿＿＿＿＿＿＿＿＿＿＿＿＿＿＿

输入：4

输出：＿＿＿＿＿＿＿＿＿＿＿＿＿＿＿＿＿＿＿＿

（3）烧脑继续：家里有4个孩子，分别是甲、乙、丙和丁。一天放学回来，餐桌上的糖果少了几颗，妈妈问是谁偷吃了糖果。

四个孩子各有说辞：

甲说："我们中有人偷吃了糖果。"

乙说："我们四个都没有偷吃糖果。"

丙说："乙和丁至少有一人没有偷吃糖果。"

丁说："我没有偷吃糖果。"

如果4个孩子中有两个说的是真话，有两个说的是假话，则说真话的是（　　）。

A．说真话的是甲和丙

B．说真话的是甲和丁

C．说真话的是乙和丙

D．说真话的是乙和丁

再想想到底是谁偷吃了糖果，有多种可能吗？

字母游戏（for 循环、字符型变量）

双胞胎字母A和a彼此互换，将大写变小写，将小写变大写。输入A变成a，输入b变成B。

▼ 大变小、小变大

```
1   #include <iostream>
2   #include <cctype> // 引入字母大小写转换函数
3   using namespace std;
4   int main() {
5       string inputString;
6       cout << "请输入10个字母: ";
7
8       for (int i = 0; i < 10; i++) {
9           char character;
10          cin >> character;
11          if (islower(character)) {
12              // 如果是小写字母，就转换为大写并输出
13              character = toupper(character);
14          } else if (isupper(character)) {
15              // 如果是大写字母，就转换为小写并输出
16              character = tolower(character);
17          }
```

```
18          inputString += character;
19      }
20      cout << inputString;
21      return 0;
22  }
```

运行程序：

请输入10个字母：A b C d E f G h I j
aBcDeFgHiJ

（1）char是一种基本数据类型，用于表示单个字符，如字母、数字、标点符号或特殊字符。每个char变量占用1字节的内存空间。

输入的单个字母"A"就是字符。

（2）for (int i = 0; i < 10; i++) { }：通过for循环一次性输入10个字符。

（3）每次输入后对character字符进行判断，如果是大写字母就转换成小写字母，如果是小写字母就转换成大写字母。

（4）因为需要等待所有字母都输入完成后，再将转换的字母输出，所以需要先将转换后的字母都存储起来。这个时候使用了inputString字符串，将转换后的字符一个一个地通过+拼接起来。

程序逻辑

输入A→判断是大写→转换成小写→inputString += character→"a"
输入b→判断是小写→转换成大写→inputString += character→"aB"
……

不断地转换拼接，最后inputString为"aBcDeFgHiJ"

▼ 字母也能计数

数字1、2、3、4、5、6、7、8、9、10可以用来计数，其实字母也可以，a、b、c、d、e、f、g、h、i、j。

那么字母可以作为循环变量吗？

```
1   #include <iostream>
2   using namespace std;
3   int main() {
4       int j = 1;
5       for(char i='a'; i<= 'j';i++){
6           cout << j << " " << i << endl;
7           j++;
8       }
9       return 0;
10  }
```

运行程序：

1 a

2 b

3 c

4 d

5 e

6 f

7 g

8 h

9 i

10 j

数字与字母计数一一对应，a~j有10个字母，从'a'开始++，一直到'j'，一共进行了10次循环。

注意

这里的i、j是变量，'i'和'j'是字符，它们可不一样哟！

▼ Z到a之间有什么

循环变量的顺序很重要，在ASCII编码中，大写字母的编码在前面，小写字母的编码在后面。大写字母Z对应ASCII编码90，而小写字母的a对应ASCII编码97，那么90~97之间还有什么呢？

我们一起探寻一番。

```
代码  1    #include <iostream>
      2    using namespace std;
      3    int main() {
      4        for(char i='Z'; i<='a';i++){
      5            cout << i << " ";
      6        }
      7        return 0;
      8    }
```

原来是一些符号。

运行程序：

Z [\ ] ^ _ ` a

▶ 巩固练习

（1）阅读下面的程序，程序运行后输出正确的是（　　）。

```
代码  1    #include <iostream>
      2    using namespace std;
      3    int main() {
      4        for(char i='Z'; i>='A';i=i-2){
      5            cout << i << " ";
      6        }
      7        return 0;
      8    }
```

A. Z Y X W V U T S R Q P O N M L K J I H G F E D C B A

B. Y W U S Q O M K I G E C A

C. Z X V T R P N L J H F D B

D. M L K J I H G F E D C B A

（2）阅读下面的程序代码，填写输出结果。

```
代码  1    #include <iostream>
      2    using namespace std;
      3    int main() {
      4        int count = 0;
      5        for(char i='E'; i<'M';i++){
      6            count++;
      7        }
      8        cout << count;
      9        return 0;
      10   }
```

输出：_____

（3）尝试使用for循环编写程序，依次输出26个英文字母的大小写。

示例：

a A b B c C d D e E f F g G h H i I j J k K l L m M n N o O p P q Q r R s S t T u U v
V w W x X y Y z Z

我要继续（for 循环、continue）

奇异果小精灵不喜欢数字的尾数是4，希望我们帮它把尾数是4的数字通通去除。

▼ **去除尾数为4的数字**

```
代码  1    #include <iostream>
      2    using namespace std;
      3    int main(){
      4
      5        int num1, num2, num;
      6        cout << "请输入两个正整数：";
      7        cin >> num1 >> num2;
      8
      9        if(num1 > num2){
      10           int temp = num1;
      11           num1 = num2;
      12           num2 = temp;
      13       }
      14
      15       for(int i = num1; i<=num2;i++){
      16           if(i%10==4){
      17               continue; // 如果尾数为4，就跳过这个数字
      18           }
```

```
代码 19          cout << i << endl;
     20      }
     21      return 0;
     22 }
```

运行程序：

请输入两个正整数：1 20

1
2
3
5
6
7
8
9
10
11
12
13
15
16
17
18
19
20

在 for 循环中，满足 if 条件尾数为 4，就执行 continue，它的作用是直接结束**本轮次的循环**，进入下一轮次的循环（i++ → 循环条件判断）。

 划重点——程序逻辑图解

（1）不满足 if 条件，未执行 continue。

```
for(int i = num1; i<=num2;i++){
    if(i%10==4){
        continue;
    }
    cout << i << endl;
}
```

不满足条件 i%10==4，
程序正常向下执行

（2）满足if条件，执行continue。

```
for(int i = num1;  i<=num2;i++) {
        ④↓        ③    ②
    if(i%10==4) {
        continue;
            ①
    }
    cout << i << endl;
}
```

跳出当前轮次的循环，直接进入下一轮次的循环

← 再 continue 就跳出本次循环，后面的语句不会执行

如果执行continue跳出本轮次的循环时i为4，那么下一次进入循环时，i正常执行自增变成5。

 敲黑板——break与continue的对比

break跳出当前循环体的整个循环，即遇到break就结束当前的整个循环。

```
for(int i = num1;  i<=num2;i++) {
    if(i%10==4) {
        break;
    }                    结束循环
    cout << i << endl;
}
```

continue跳出单个轮次的循环，遇到continue就结束本轮次的循环，并不会跳出当前的循环体。

```
for(int i = num1;  i<=num2;i++) {
    if(i%10==4) {
        contiune;
    }
    cout << i << endl;            继续下一轮次的循环
}
```

敲黑板——跳出与执行交换

将条件取反，i % == 4更换成i % != 4，再将原本跳过不执行的语句放入新if语句中。

```
for(int i = num1; i<=num2;i++) {          for(int i = num1; i<=num2;i++) {
    if(i%10==4) {                  ←——————→ if(i%10!==4) {
        continue;  条件相当于换成了 else          cout << i << endl;
    }                                        }
    cout << i << endl;  更换条件后执行       }
}
```

等等，让我再品一品。

▼ **排除输出**

continue可以运用于排除法，当我们需要输出26个英文字母，但是需要排除5个元音字母（a、e、i、o、u）时，它就会很便捷。

```
代码
1   #include <iostream>
2   using namespace std;
3   int main() {
4       for (char ch = 'a'; ch <= 'z'; ch++) {
5           if (ch == 'a' || ch == 'e' || ch == 'i' || ch == 'o' || ch == 'u') {
6               continue; // 跳过元音字母
7           }
8           cout << ch << " ";
9       }
10      return 0;
11  }
```

运行程序：

b c d f g h j k l m n p q r s t v w x y z

只需要字符ch满足逻辑**或**（||）连接的任何一个条件，就执行**continue**跳出当前轮次的循环，所以5个元音字母都没有输出。

▶ **巩固练习**

（1）阅读下面的代码，填写程序的输出结果。

```
1   #include <iostream>
2   using namespace std;
3   int main() {
4       for (int i = 1; i <= 10; i++) {
5           if (i == 3 || i == 7) {
6               continue; // 排除值为3和7的情况
7           }
8           cout << i << " ";
9       }
10      return 0;
11  }
```

输出：_____

（2）尝试将以下程序改写成使用continue的程序。

```
1   #include <iostream>
2   using namespace std;
3   int main() {
4       for (int i = -5; i <= 5; i++) {
5           if (i >= 0) {
6               cout << i << " ";
7           }
8       }
9       return 0;
10  }
```

（3）仓库里存放了100个贵妃芒果，管理员将它们按照从1到100进行了编号，其中编号尾数为0的贵妃芒果表示没有熟透，需要再放一放进一步催熟。现在需要将熟透了的贵妃芒果先进行发货，请将可以发货的贵妃芒果编号用,隔开输出。

第50课

大自然的神奇数列（斐波那契数列的正与反）

大自然的神奇让我们惊叹不已。它不仅展现了山川河流的奇妙，还赋予树木花果以数学之美。你是否留意过花朵花瓣的数量吗？白掌有1片花瓣，虎刺梅有2片花瓣，兰花有3片花瓣，桃花有5片花瓣，格桑花有8片花瓣，而雏菊花瓣的数量更有意思，它可以是13、21、34、55、89片等。

树枝的一层一层的数量，向日葵的螺旋数目等，都遵循一个数列的规律——斐波那契数列。

斐波那契数列是由数学家列昂纳多·斐波那契定义的，这个数列从第3项开始，每一项都等于前两项之和。例如：0，1，1，2，3，5，8，13，21，34，55，89，144，233…

▼ 斐波那契数列

按照斐波那契数列的规则，我们编写一个程序来找出数列的第几项是什么数字。

假设输入的项数是num：

（1）数列的第一项是0，那么当查找第一项时，应该输出0。

```
if(num==1) {
    cout << 0;
}
```

（2）数列的第二项是1，那么当查找第二项时，应该输出1。

```
if(num==2) {
    cout << 1;
}
```

这两项属于特殊情况，需要单独处理。

（3）这个数列从第3项开始，每一项都等于前两项之和。

从第三项开始，设置一个for循环从3开始。

for(int i=3;)

↓

由于数列的规则是后一项的数字等于前两项的数字之和，因此我们需要一步一步地推算到第num项。循环从3开始直到num。

for(int i=3;i<=num;i++)

↓

第一次循环求出的是第三项，它的值=0+1。

为了可以循环进行，声明两个变量a=0，b=1，作为第一项和第二项。

计算第三项为int temp = a + b。

↓

继续往下计算，a和b的值需要向后移动。

a的后一项是b，使得a = b，把b赋值给a。

b的后一项是新计算的temp，使得b = temp，把temp赋值给b。

```
a = b;
b = temp;
```

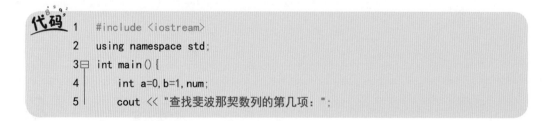

```
代码  1  #include <iostream>
     2  using namespace std;
     3  int main(){
     4      int a=0,b=1,num;
     5      cout << "查找斐波那契数列的第几项：";
```

代码

```
6        cin >> num;
7        if(num==1) {
8            cout << a;
9        }
10       else if(num==2) {
11           cout << b;
12       }
13       else{
14           int temp =num;
15           for(int i=3;i<=num;i++) {
16               temp = a + b;
17               a = b;
18               b = temp;
19           }
20           cout << temp;
21       }
22
23       return 0;
24   }
```

运行程序：

查找斐波那契数列的第几项：12

89

 敲黑板

特殊情况记得要单独处理，别漏了！

代码

```
if(num==1) {
    cout << a;
}
else if(num==2) {
    cout << b;
}
```

数列依次向后计算，前一位和前两位的数字要记得更替！

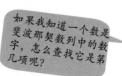

如果我知道一个数是斐波那契数列中的数字，怎么查找它是第几项呢？

```
a = b;
b = temp;
```

315

推算第几项的数字，从数字反查是第几项，可谓一正一反。

▼ 反向查找

其实呀，我们可以逐一匹配。

```
1   #include <iostream>
2   using namespace std;
3   int main() {
4       int a=0, b=1, num;
5       cout << "查找是第几项：";
6       cin >> num;
7       if(num==0) {
8           cout << "第1项";
9       }
10      else if(num==1)
11          cout << "第2项也可能是第3项";
12      else {
13          int i=3, temp;
14          while(true) {
15              temp = a + b;
16              if(temp==num) {
17                  cout << "第" << i << "项";
18                  break;
19              }
20              a = b;
21              b = temp;
22              i++;
23          }
24      }
25
26      return 0;
27  }
```

运行程序：

查找是第几项：144
第13项

代码
```
if(temp==num){
    cout << "第" << i << "项";
    break;
}
```

按照斐波那契数列的计算规则，逐一排查，在发现与输入数字相等的数字时，直接输出并跳出循环。

留个思考题，万一输入的数字不是数列中的数字，怎么排除呢？

▶巩固练习

（1）下面的C++代码片段的输出是什么？（　　）

```
int a = 1, b = 1, c;
for (int i = 1; i <= 5; i++) {
    c = a + b;
    a = b;
    b = c;
}
cout << a;
```

    A. 4   B. 5   C. 6   D. 8

（2）找出数列3 6 9 12 15 18 21 24 27 30…的规律，并编写程序输出数列前100项的值，用空格隔开。

示例：

3 6 9 12 15 18 21 24 27 30

（3）找出数列2 5 10 17 26 37 50 65 82…的规律，并编写程序输出数列前100项的值，用空格隔开。

示例：

2 5 10 17 26 37 50 65 82

第51课

我是质数吗（for 循环、if 语句、标示法）

质数是什么？一个大于1的自然数，除了1和它自身外，不能被其他自然数整除，那么这个自然数就叫作质数；否则叫作合数（规定1既不是质数也不是合数）。质数也叫素数，如2、3、5、7、11等都是质数。

关于100以内的质数有这样一个无厘头的故事："我姨姨（11）和医生（13）用仪器（17）制造药酒（19）。碰见阿三（23）和二舅（29），他们带着山药（31）和三七（37），还跟来了个司仪（41）。石山（43）下送他们来的司机（47）头上戴着个乌纱（53）帽，帽子上写着五九（59），司机还带了几个小朋友（61），他们正在给车涂油漆（67），车里放着生日（71）快乐歌曲，车上插着旗杆（73），旗杆上挂着气球（79）。过会他们要去爬山（83），带上一瓶白酒（89），去山顶庆祝他出生的时候香港（97）回归。"

▼ 我是质数吗

```
1    #include <iostream>
2    using namespace std;
3    int main(){
4        int num, is=1;
5        cout << "请输入正整数：";
6        cin >> num;
7
8        for(int i=2; i<num;i++){
9            if(num%i==0){
10               is=0;
11               break;
12           }
13       }
14
15       if(is){
16           cout << "我是质数。";
17       }
18       else{
19           cout << "我不是质数。";
20       }
21       return 0;
22   }
```

运行程序：

请输入正整数：133
我不是质数。

根据质数的定义"一个大于1的自然数，除了1和它自身外，不能被其他自然数整除"，那么循环直接排除1和数字本身，从2开始满足小于num，即for(int i=2; i<num;i++){ }。如果在2~（num−1）范围内发现了可以被整除的数字，也就是num%i==0，就说明num不是质数。

既然已经得出答案，循环就不必继续执行了，直接执行break跳出循环。

但是，在if中没有直接输出"我不是质数。"，而是修改了一个变量is的值。我把这种方法称之为"标示法"。

敲黑板——标示法

（1）一开始声明了一个变量is。这里的is表示数字num是不是质数。1代表true，

319

表示是质数；0代表false，表示不是质数。

（2）初始化为is=1，默认num是质数。

（3）如果num%i==0成立，则说明找到了一个因数。因此num不是质数，此时将is赋值为0，表示num不是质数。

（4）通过后续对is的判断，输出想要的内容。

虽然看上去有些烦琐，但是这将**判断结果**和**输出内容**做了分离，当程序变得复杂后，这种做法会更便于我们修改和调整程序。

▶ **提出思考**

一个数不是质数，那它应该至少有一个因数，这个因数是什么呢？

只需要将i输出即可。

代码
```
if(num%i==0){
    cout << "其中一个因数：" << i << endl;
    is=0;
    break;
}
```

因数都是成对的，似乎i的循环从2到num的平方根就够了。

▶ **巩固练习**

（1）下面哪一段代码片段正确地判断了一个整数是不是质数？（　　）

A.
```
if (num % 2 == 0) {
    cout << "不是质数" << endl;
}
```

B.
```
if (num <= 1) {
    cout << "不是质数" << endl;
```

```
        }
    C.
        for (int i = 2; i < num; ++i) {
            if (num % i != 0) {
                cout << "是质数" << endl;
            }
        }
    D.
        bool isPrime = true;
        for (int i = 2; i < num; ++i) {
            if (num % i == 0) {
                isPrime = false;
                break;
            }
        }
        if (isPrime) {
            cout << "是质数" << endl;
        }
```

（2）在判断质数时，以下哪种方法是更高效的？（　　）

    A．从2遍历到num

    B．从2遍历到num/2

    C．从2遍历到sqrt(num)

    D．从1遍历到num

（3）编写一个for循环程序，用户输入一个正整数N，计算并输出从1到N的每个整数的平方。

示例：

5

1、4、9、16、25。

第52课

1.7e+007 不是乱码
(for 循环、科学记数法)

编程世界的研究员分离出一个"&"微生物，这个微生物以每小时裂变一次的速度快速繁殖，并且裂变出的微生物都不会死亡，似乎具备永生的力量。研究员仔细地对它进行了24小时的研究，记录着每小时微生物数量的变化，并尝试了各种办法，最终找到了可以杀死这种微生物的办法。

试着用程序输出微生物每小时的数量。

▼ 裂变的微生物

代码

```cpp
1    #include <iostream>
2    #include <iomanip>
3    using namespace std;
4    int main() {
5        // 初始微生物数量
6        double initialQuantity = 1;
7        // 每小时裂变一次
8        double speed = 2.0;
9        // 小时数
10       int hours = 24;
11       // 设置输出精度
12       cout << setprecision(2);
13       // 微生物的数量
14       double total = initialQuantity;
15       for (int hour = 1; hour <= hours; hour++) {
```

```
16          total *= speed; // 增长
17          cout << hour << "小时，微生物数量是：" << total << endl;
18      }
19      return 0;
20  }
```

运行程序：

1小时，微生物数量是：2

2小时，微生物数量是：4

3小时，微生物数量是：8

4小时，微生物数量是：16

5小时，微生物数量是：32

6小时，微生物数量是：64

7小时，微生物数量是：1.3e+002

8小时，微生物数量是：2.6e+002

9小时，微生物数量是：5.1e+002

10小时，微生物数量是：1e+003

11小时，微生物数量是：2e+003

12小时，微生物数量是：4.1e+003

13小时，微生物数量是：8.2e+003

14小时，微生物数量是：1.6e+004

15小时，微生物数量是：3.3e+004

16小时，微生物数量是：6.6e+004

17小时，微生物数量是：1.3e+005

18小时，微生物数量是：2.6e+005

19小时，微生物数量是：5.2e+005

20小时，微生物数量是：1e+006

21小时，微生物数量是：2.1e+006

22小时，微生物数量是：4.2e+006

23小时，微生物数量是：8.4e+006

24小时，微生物数量是：1.7e+007

（1）total *= speed→total = total * 2：微生物总是按照每小时增加一倍的速度繁殖。

（2）for (int hour = 1; hour <= hours; hour++)：通过for循环从1小时一直到24小时。

（3）setprecision(2)：用于设置输出的有效位数（需要头文件<iomanip>），例如，1.26输出两位有效数字是1.3。

▶ 提出思考

7小时输出的**1.3e+002**是什么呀？

1.3e+002是科学记数法的表示方式，用来表示一个数的数量级和精度。

● 1.3是基数，表示一个数的主体部分，因为setprecision(2)，所以只取了两位有效数字。

● e是用于表示指数的符号。

● +002表示指数的值，也就是10的多少次方。在这种情况下，+002表示10的2次方，即100。

因此，1.3e+002可以理解为1.3乘以10的2次方，即130。这是一个用科学记数法表示的数，表示数量级为100，并且精确到小数点后一位。科学记数法通常用于表示非常大或非常小的数，以便更容易理解它们的数量级。

有+就有-，0.0000345用科学记数法表示**3.4e-005→3.4乘以10的-5次方**。

终于懂了，原来1.7e+007不是乱码，是用科学记数法表示的数。

▶ 巩固练习

（1）以下程序的输出结果是什么？

```
1  #include <iostream>
2  #include <iomanip>
3  using namespace std;
4  int main() {
5      cout << setprecision(3) << 0.00002/3;
6      return 0;
7  }
```

输出：＿＿＿＿＿＿＿＿＿＿＿＿＿＿＿＿＿＿＿＿

（2）在科学记数法中，2.5e3表示什么？（　　）

　　　　A．2.5乘以10的3次方

　　　　B．2.5除以10的3次方

　　　　C．2.5乘以3次方

　　　　D．2.5除以3次方

（3）我们正在研究一种放射性元素的衰变过程。这种元素每小时会以一定的比例进行衰变，衰变率为每小时减少50%。初始时，拥有1克这种放射性元素。希望你编写一个程序来模拟并计算多少小时后剩余的元素质量会小于0.00001克。

第53课

分数也能计算（循环应用、if 语句、通分、约分）

$$\frac{1}{6}+\frac{5}{9}=\frac{13}{18}$$

分数运算在计算机中一执行就变成小数了，想要保持分数之间的运算还真不容易呀！

通常在分数加法运算中，我们会先对分母进行通分，然后将分子相加，最后约分得到最终的结果。

▼ 分数也能计算

通分不就是之前的寻找最小公倍数吗？

约分不就是之前的寻找最大公约数吗？

借助之前的学习，尝试编写分数加法运算程序。

```
代码
1    #include <iostream>
2    using namespace std;
3    int main(){
4
5        int numerator, denominator, numerator1, denominator1,
         numerator2, denominator2;
6        cout << "输入第一个分数(分子 分母)：";
7        cin >> numerator1 >> denominator1;
8        cout << "输入第二个分数(分子 分母)：";
9        cin >> numerator2 >> denominator2;
10
11       //通分求和，lcm是最小公倍数
```

```
12      int lcm = (denominator1 > denominator2) ? denominator1 : denominator2;
13      while (true) {
14          if(lcm % denominator1 == 0 && lcm % denominator2 == 0){
15              break;
16          }
17          lcm++;
18      }
19
20      numerator = numerator1 * (lcm/denominator1) + numerator2 * (lcm/
        denominator2);
21      denominator = lcm;
22
23      //约分简化,最终num1是最大公约数
24      int num1=numerator, num2=denominator,temp;
25      while (num2 != 0) {
26          temp = num1 % num2;
27          num1 = num2;
28          num2 = temp;
29      }
30
31      cout << numerator/num1 << endl;
32      cout << "-" << endl;
33      cout << denominator/num1 << endl;
34
35      return 0;
36  }
```

运行程序：

输入第一个分数（分子 分母）：1 6
输入第二个分数（分子 分母）：5 9
13
-
18

注意

程序没有考虑分母为0的情况。

（1）denominator = lcm：将两个分母的最小公倍数作为新的分母。

（2）numerator = numerator1 * (lcm/denominator1) + numerator2 * (lcm/denominator2)：将两个分子分别乘以通分的数值，并相加作为新的分子。

（3）最后求出新分子和新分母的最大公约数，并分别除以最大公约数，得到最简值。

> 我有更简便的方法，不需要求最小公倍数，就可以快速地进行分数的加减乘除。

▼ 分数的加减乘除

代码

```cpp
1   #include <iostream>
2   using namespace std;
3   int main(){
4       char operation;
5       int  is=1,numerator,denominator,numerator1,denominator1,
        numerator2,denominator2;
6       cout << "输入第一个分数(分子 分母): ";
7       cin >> numerator1 >> denominator1;
8       cout << "输入第二个分数(分子 分母): ";
9       cin >> numerator2 >> denominator2;
10      cout << "输入运算符(+、-、*、/): ";
11      cin >> operation;
12
13      if(operation=='+'){
14          numerator = numerator1 * denominator2 + numerator2 * denominator1;
15          denominator = denominator1 * denominator2;
16      }
17      else if(operation=='-'){
18          numerator = numerator1 * denominator2 - numerator2 * denominator1;
19          denominator = denominator1 * denominator2;
20      }
21      else if(operation=='*'){
22          numerator = numerator1 * numerator2;
23          denominator = denominator1 * denominator2;
24      }
25      else if(operation=='/'){
```

代码

```
26          numerator = numerator1 * denominator2;
27          denominator = denominator1 * numerator2;
28      }
29      else{
30          cout << "符号输入有误！";
31          is = 0;
32      }
33
34      if(is) {
35          //约分简化，最终num1是最大公约数
36          int num1=numerator, num2=denominator,temp;
37          while (num2 != 0) {
38          temp = num1 % num2;
39          num1 = num2;
40          num2 = temp;
41          }
42
43          cout << numerator/num1 << endl;
44          cout << "-" << endl;
45          cout << denominator/num1 << endl;
46      }
47      return 0;
48  }
```

运行程序：

（1）

输入第一个分数(分子 分母)：1 4
输入第二个分数(分子 分母)：2 8
输入运算符(+、-、*、/)：+
1
-
2

（2）

输入第一个分数(分子 分母)：5 6

输入第二个分数(分子 分母)：1 8
输入运算符(+、-、*、/)：-

17

-

24

（3）

输入第一个分数(分子 分母)：2 5
输入第二个分数(分子 分母)：3 4
输入运算符(+、-、*、/)：*

3

-

10

（4）

输入第一个分数(分子 分母)：3 8
输入第二个分数(分子 分母)：6 9
输入运算符(+、-、*、/)：/

9

-

16

按照分数的加减乘除的规则，重新计算分子和分母，最后进行约分。

还有更多情况需要你去考虑，比如分母为0，分数1/1是不是应该写成1等等。

▶ 巩固练习

（1）阅读下面的程序，填写输出结果。

```cpp
1   #include <iostream>
2   using namespace std;
3   int main(){
4       int i = 0;
5       do {
6           cout << (i>2?2:i) << " ";
7           i++;
8       } while (i < 5);
9
10      return 0;
11  }
```

输出：_____

（2）阅读下面的代码，完善空格处，确保程序正常运行。

```cpp
1   #include <iostream>
2   using namespace std;
3   int main(){
4
5       _____ num;
6       for (int i = 1; i<=48; i++) {
7           num *= 2;
8           cout << num << endl;
9       }
10
11      _____
12  }
```

（3）请编写一个C++程序，查找出一个正整数的全部因数。

①提示用户输入一个正整数。

②找出并输出该正整数的所有因数，以逗号分开，并按升序排列。

示例：

请输入一个正整数：24

24的因数有：1, 2, 3, 4, 6, 8, 12, 24,

危险！危险！（循环嵌套）

危险！危险！前方出现危险，需要调整信号灯，将信号灯调整成！，提醒大家赶快撤离。立刻编写信号灯程序，闪烁！发出危险信号。

▼ 危险！危险！

```
代码  1   #include <iostream>
      2   #include <windows.h>
      3   using namespace std;
      4   int main(){
      5       while(true){
      6           cout << "!!!!!!" << endl;
      7           cout << "!!!!!!" << endl;
      8           cout << "!!!!!!" << endl;
      9           Sleep(500);
      10          system("cls");
      11          Sleep(500);
      12      }
      13      return 0;
      14  }
```

运行程序：

!!!!!!

!!!!!!

```
!!!!!!
↓ 空白
!!!!!!
!!!!!!
!!!!!!
```

（1）while(true)使得信号不断发出。

（2）让感叹号信号闪烁出现：

```
cout << "!!!!!!" << endl;                        !!!!!!
cout << "!!!!!!" << endl; ──────────────▶!!!!!!
cout << "!!!!!!" << endl;                        !!!!!!
   ↓                                                  ↓
Sleep(500); ──────────────────────▶等待一会，再让我们看到！
   ↓                                                  ↓
system("cls"); ───────────────────▶清空输出
   ↓                                                  ↓
Sleep(500); ───────────────────────▶等待一会，形成闪烁！
```

双重循环嵌套

　　循环就是把相同的部分找出来，让程序重复执行。看看上面的代码段中还有哪些部分是相同的？

　　这里还有3行是相同的：

代码
```
cout << "!!!!!!" << endl;
cout << "!!!!!!" << endl;
cout << "!!!!!!" << endl;
```

　　用循环把它们给整合了，一共执行3次，我们用for循环计数执行。

代码
```
for(int i=0;i<3;i++){
    cout << "!!!!!!" << endl;
}
```

　　将for循环嵌套进while循环。while作为外层循环，for循环作为内层循环。

```
代码
1    #include <iostream>
2    #include <windows.h>
3    using namespace std;
4    int main() {
5        while(true) {
6            for(int i=0;i<3;i++) {
7                cout << "!!!!!!" << endl;
8            }
9            Sleep(500);
10           system("cls");
11           Sleep(500);
12       }
13       return 0;
14   }
```

先外循环，再内循环
进入内循环后，执行内循环

内循环结束，再向下执行

循环嵌套不复杂，一层
一层循环执行，内层循
环结束再进行外层循环。

外循环

外循环第1次：
↓
内循环

内循环第1次 → cout << "!!!!!!" << endl;
内循环第2次 → cout << "!!!!!!" << endl;
内循环第3次 → cout << "!!!!!!" << endl;
↓
sleep(500);
system("cls");
sleep(500);

外循环第2次：
↓
内循环

内循环第1次 → cout << "!!!!!!" << endl;
内循环第2次 → cout << "!!!!!!" << endl;
内循环第3次 → cout << "!!!!!!" << endl;
↓
sleep(500);
system("cls");

```
sleep(500);
  ↓
 ...
  ↓
 ...
```

▶巩固练习

（1）阅读下面的程序代码，输入2 6之后的输出结果是（   ）。

```
1    #include<iostream>
2    using namespace std;
3    int main(){
4        int r,c;
5        cin>>r>>c;
6        for(int i=1;i<=r;i++)
7        {
8            for(int j=1;j<=c;j++){
9                cout<<"*";
10           }
11           cout<<endl;
12       }
13       return 0;
14   }
```

A.
   ******
   ******

B.
   **
   **
   **
   **
   **
   **

C.
   **
   **

D.

```
******
******
******
******
******
******
```

（2）根据输出内容完善下面的程序。

```
54321
54321
54321
54321
54321
```

代码

```
1    #include<bits/stdc++.h>
2    using namespace std;
3    int main()
4    {
5        for(int i=1;i<=5;i++)
6        {
7            for(int j=5;j>0;j--)
8            {
9                _____
10           }
11           _____
12       }
13       return 0;
14   }
```

（3）编写一个C++程序，输入一些正数，输入0时结束循环并且输出最大的正数。

示例：

12 13 45 198 9 287 23 0
287

第55课

字母闪烁（三重循环）

报告！我发现cout << "!!!!!!" << endl中还有6个！重复，我决定要把循环贯彻到底。

试一试将！也使用循环输出吧。

▶ **温故知新**

固定计数循环，首先就想到了for循环。

cout << "!!!!!!" << endl

```
for(int i=0;i<6;i++){
    cout << "!" << endl;
}
```
×

```
for(int i=0;i<6;i++){
    cout << "!";
}
cout << endl;
```
√

注意

循环的是！的输出，endl不需要循环，所以将它放在循环外。

```
代码  1   #include <iostream>
      2   #include <windows.h>
      3   using namespace std;
      4   int main() {
      5       while(true) {
      6           for(int i=0;i<3;i++) {
      7               for(int i=0;i<6;i++) {
      8                   cout << "!";
      9               }
      10              cout << endl;
      11          }
      12          Sleep(500);
      13          system("cls");
      14          Sleep(500);
      15      }
      16      return 0;
      17  }
```

 敲黑板——循环的嵌套

一层

```
#include <iostream>
#include <windows.h>
using namespace std;
int main() {
    while(true) {
        cout << "!!!!!!" << endl;
        cout << "!!!!!!" << endl;
        cout << "!!!!!!" << endl;
        Sleep(500);
        system("cls");
        Sleep(500);
    }
    return 0;
}
```

二层

```
#include <iostream>
#include <windows.h>
using namespace std;
int main() {
    while(true) {
        for(int i=0;i<3;i++) {
            cout << "!!!!!!" << endl;
        }
        Sleep(500);
        system("cls");
        Sleep(500);
    }
    return 0;
}
```

三层

```
#include <iostream>
#include <windows.h>
using namespace std;
int main() {
    while(true) {
        for(int i=0;i<3;i++) {
            for(int i=0;i<6;i++) {
                cout << "!";
            }
            cout << endl;
        }
        Sleep(500);
        system("cls");
        Sleep(500);
    }
    return 0;
}
```

字母闪烁

```
代码  1   #include <iostream>
      2   #include <windows.h>
      3   using namespace std;
      4   int main() {
      5
      6       for(char ch='A';ch<='Z';ch++) {
      7           for(int i=0;i<3;i++) {
      8               for(int i=0;i<3;i++) {
      9                   cout << ch << " ";
     10               }
     11               cout << endl;
     12           }
     13           Sleep(500);
     14           system("cls");
     15       }
     16
     17       return 0;
     18   }
```

运行程序：

A A A

A A A

A A A

↓

...

↓ （闪烁）

...

↓

Z Z Z

Z Z Z

Z Z Z

程序逻辑

（1）内层循环：

for(int i=0;i<3;i++) {

```
        cout << ch << " ";
    }
```

↓ 实现

3个字母一排A A A

中层循环：

```
for(int i=0;i<3;i++) {
    for(int i=0;i<3;i++) {
        cout << ch << " ";
    }
    cout << endl;
}
```

↓ 实现

将内层循环的字母，输出3行：

A A A
A A A
A A A

外层循环：

```
for(char ch='A';ch<='Z';ch++) {


}
```

↓ 实现

将字母从A一直变换到Z，并实现闪烁。

嵌套循环注意要层层缩进。

▶ **提出思考**

内层循环和中层循环的i是同一个i吗？
一起探索一下，用程序来说话。

探索①：

```
1    #include <iostream>
2    using namespace std;
3    int main(){
4        for(int i=0;i<5;i++){
5            for(int i=5;i<10;i++){
6                cout << "内层: " << i << " ";
7            }
8            cout << endl;
9            cout << "外层: " << i << " " << endl;
10       }
11       return 0;
12   }
```

运行程序：

内层：5 内层：6 内层：7 内层：8 内层：9
外层：0
内层：5 内层：6 内层：7 内层：8 内层：9
外层：1
内层：5 内层：6 内层：7 内层：8 内层：9
外层：2
内层：5 内层：6 内层：7 内层：8 内层：9
外层：3
内层：5 内层：6 内层：7 内层：8 内层：9
外层：4

程序逻辑

内层循环为i从5到9。

外层循环为i从0到4。

都符合循环各自的逻辑，说明不是同一个i。

这里的i都是整数，我试试char。

探索②：

```
代码  1    #include <iostream>
      2    using namespace std;
      3    int main() {
      4        for(int i=0; i<5; i++) {
      5            for(char i='A'; i<'F'; i++) {
      6                cout << "内层: " << i << " ";
      7            }
      8            cout << endl;
      9            cout << "外层: " << i << " " << endl;
      10       }
      11       return 0;
      12   }
```

运行程序：

内层：A 内层：B 内层：C 内层：D 内层：E
外层：0
内层：A 内层：B 内层：C 内层：D 内层：E
外层：1
内层：A 内层：B 内层：C 内层：D 内层：E
外层：2
内层：A 内层：B 内层：C 内层：D 内层：E
外层：3
内层：A 内层：B 内层：C 内层：D 内层：E
外层：4

从结果看，明显 i 不相同，一个是整数类型，输出数字；一个是字符类型，输出字母。

是不是因为内层循环重新声明了 int i=5，不重新声明会怎样？

探索③:

```
1    #include <iostream>
2    using namespace std;
3    int main(){
4        for(int i=0;i<5;i++){
5            for(i=5;i<10;i++){
6                cout << "内层: " << i << " ";
7            }
8            cout << endl;
9            cout << "外层: " << i << " " << endl;
10       }
11       return 0;
12   }
```

运行程序:

内层: 5 内层: 6 内层: 7 内层: 8 内层: 9
外层: 10

敲黑板

显然是同一个i,但第一次外循环进入时i=0,在内循环中立刻变成了5,经过内循环后最终i变成了10,最后外循环输出10,i大于5了不再继续外循环。

i的变化

外循环 i=0 → 内循环i=5 (内循环输出5) → 内循环i++ (内循环输出6) → 内循环i++ (内循环输出7) → 内循环i++ (内循环输出8) → 内循环i++ (内循环输出9) → i为10,不符合内循环条件 → 外循环输出i,值为10 → i为10,不符合外循环条件 → 结束。

尝试自我总结和探索学习,关于变量作用域的详细内容,我们后面讲解。

▶ 巩固练习

（1）阅读下面的程序，填写程序运行后的输出结果。

```
1    #include <iostream>
2    using namespace std;
3    int main(){
4        for(int i=1;i<10;i++){
5            for(i=10;i<=10;i++){
6                i++;
7            }
8            cout << i;
9        }
10       return 0;
11   }
```

输出：_____

（2）编写一个秒钟计时器，每一秒钟跳动一次，计时开始为00，过一秒变成01，一直到59，达到60秒后，输出"一分钟到！"。

（3）修改**字母闪烁**程序，将字母闪烁改成数字闪烁，使得程序从数字0闪烁到9。

第56课

骰子电子屏（for 循环、随机数）

摇骰子啦!

我的骰子呢?

OHAI!

来吧，一起设计电子的骰子。

▼ 摇骰子

```cpp
代码 1  #include <iostream>
     2  #include <windows.h>
     3  #include <cstdlib>
     4  #include <ctime>
     5  using namespace std;
     6  int main(){
     7      srand(time(NULL));
     8      for(int i=1;i<=6;i++){
     9          Sleep(500);
    10          system("cls");
    11
```

```
代码  12        cout << "? ? ? " << endl;
     13        cout << "? ? ? " << endl;
     14        cout << "? ? ? " << endl;
     15
     16        Sleep(500);
     17        system("cls");
     18
     19        int num = rand()%6 + 1;
     20        cout << "? ? ? " << endl;
     21        cout << "? " << num << " ? " << endl;
     22        cout << "? ? ? " << endl;
     23    }
     24    return 0;
     25  }
```

运行程序，闪烁一会后：

? ? ?

? 4 ?

? ? ?

这就算摇中了4吗？

体验完程序后，找找代码中的新知识，我们一起来研究。

（1）发现一些新的头文件：

    #include <cstdlib>

    #include <ctime>

（2）新知识srand(time(NULL))。

（3）新知识int num = rand()%6 + 1。

来吧，我们一个个攻克。

（1）关于头文件，我们知道它是为了让程序使用什么而导入的，所以一定和后面的两个新知识有关，这里暂且放一放。

（2）关于程序新知识，我们不妨运用之前学习的**翻译助力理解**的方法试一试。

翻译助力理解

● srand：随机数发生器的初始化函数。

● time：时间。

● rand：是random的简写，表示随机的。

大致理解如下：

int num = rand()%6 + 1，从=可知是将得到的一个数赋值给了num，而这个数大概和随机数有关。前面还有一句srand(time(NULL))，从翻译来看，它是在随机数初始化的时候起作用，所以也写在了随机数之前。

再回到头文件，想要知道头文件对应哪个函数，可以试着删除引用的头文件，然后观察哪行代码报错，于是就能知道它们之间的对应关系。

 划重点——知识大爆炸

就算我们可以通过搜索引擎或者书籍快速获取知识，也不要忽视探索知识的过程，因为那是一种从未知中寻找答案的宝贵经历。面对未知时，不妨先进行探索。

未来，我们去想象、创作和创造都会面对未知，因此探索未知的能力比快速记忆知识更为重要。

rand()是一个用于产生随机数的函数，可以理解成一个功能，有了它就可以产生随机数。然而，计算机的运行过程是确定的，这个确定的过程不可能产生真正意义上的随机数字，因此纯软件方式只能产生伪随机数。注意：计算机可以通过特殊的硬件设备来捕捉一些物理过程，并将其转换为真正的随机数。例如计算机可以通过芯片的电子噪声产生真随机数。这种方法称为硬件随机数发生器（HRNG），利用芯片中微小电子元件的热噪声、放置噪声或其他量子效应来生成真随机数。

▶ **提出思考**

怎么理解伪随机呢？我们看两段程序：

（1）多次运行程序输出随机数：

```
1  #include <iostream>
2  #include <cstdlib>
3  using namespace std;
4  int main(){
5      cout << rand();
6      return 0;
7  }
```

运行这段程序10次，结果都是41（不要纠结是不是41，而要关注每次运行输出的随机数都是同一个数）。

（2）多次运行程序输出随机数列：

```
1  #include <iostream>
2  #include <cstdlib>
3  using namespace std;
4  int main(){
5      for(int i=0;i<10;i++){
6          cout << rand() << endl;
7      }
8      return 0;
9  }
```

每次运行都输出了固定的数列：

41
18467
6334
26500
19169
15724
11478
29358
26962
24464

我理解了，伪随机数意味它是从这个生成的固定数列中取的数字。

伪随机：当产生一个序列之后，只要不更新这个序列，每调用一次rand()，就会在这个序列中从上到下依次取值。这就是为什么如果只运行一次rand()，结果永远是41，因为按顺序取的都是第一个数。

我有点懂了，那要解决这个问题，就需要更新序列，所以就需要srand(time(NULL))。

如果我们在使用rand()之前，通过srand(seed)，生成一个全新的序列，就可以解决这个问题了。需要让srand(seed)中的seed（种子数）不停地改变，从而产生新的序列。因为系统的时间是不断变化的，所以使用了时间。程序中获取时间是time(NULL)，将它们组合起来就是srand(time(NULL))。

▶ **提出思考**

time(NULL)获取的时间长什么样子呢？
想知道，就输出看一看。

```
代码
1    #include <iostream>
2    #include <ctime>
3    using namespace std;
4    int main(){
5        cout << time(NULL);
6        return 0;
7    }
```

运行程序：

1697023451

感兴趣的话可以继续探索，解读一下这个数字背后的含义。

▶ 提出思考

骰子一共只有6个点，随机数怎么控制呢？

这是一个好问题！

用求余法可以很好地解决。一个数除以6余数是0、1、2、3、4、5，再加1就变成1~6。所以int num = rand()%6 + 1。

总结一个公式，取minValue~maxValue之间的随机数：number = (rand()%(maxValue − minValue +1)) + minValue。

敲黑板

不循环

```
cout << "? ? ? " << endl;
cout << "? ? ? " << endl;
cout << "? ? ? " << endl;
```

VS

循环

```
for(int i=0;i<3;i++){
for(int i=0;i<6;i++){
        cout << "!";
    }
    cout << endl;
}
```

不是所有相同的操作都必须使用循环结构，更不是所有的重复都要嵌套循环。关键在于程序采用循环结构是否更为便利，是否更便于阅读。如果不使用循环结构而程序更清晰明了，那么程序不用循环结构反而更好。

▶ 巩固练习

（1）想要随机获取1月份中的日期，请问用以下哪段程序可以实现？（ ）

　　　A．rand( )/31+1　B．rand( )%30+1　C．rand( )%31+1　D．srand ( )%31+1

（2）输出10个1~10的随机数，请问srand(time(NULL));应该放在①的位置还是②的位置。（ ）

```cpp
#include <iostream>
#include <cstdlib>
#include <ctime>
using namespace std;
int main(){
    ①srand(time(NULL));
    for(int i=0;i<10;i++){
        ②srand(time(NULL));
        int num = rand()%10 + 1;
        cout << num << endl;
    }
    return 0;
}
```

　　　A．①　　　　B．②

（3）随机产生两个0~9的数字，并显示例如"6 * 5 ="的乘法计算题。答题者输入答案，如果答案正确，则打印"太棒了！"，如果回答错误，则打印"不对，加油！"，然后继续出题。

示例：

3*0=0

太棒了！

8*8=64

太棒了！

2*2=4

太棒了！

7*1=5

不对，加油！

7*5=35

一棵圣诞树（多重循环、变量计算）

运用循环搭建数字阶梯，九个9，八个8，七个7，六个6，五个5，四个4，三个3，二个2，一个1。

哈哈，零个0，还挺顺口的。

```
1
22
333
4444
55555
666666
7777777
88888888
999999999
```

这需要多少个循环呀！

使用循环输出数字阶梯。

▼ 数字阶梯

根据数字阶梯的样子，分析一番：

一共九层，看来需要一个外层for循环，从1到9。

for(int i=1;i<10;i++){ }

然后

第1次循环输出一个1；

第2次循环输出二个2；

......

第8次循环输出八个8；

第9次循环输出九个9。

发现什么规律了吗？

第i次循环输出i个i，似乎找到了内层循环的规律。

再深入一下，循环的关键是确定次数，第一个i表示外层循环的次数，第二个i是输出的次数也就是内层循环的次数，第三个i是输出的内容。关键就在于第二个i。

重新声明一个循环变量j，从1开始，要循环i次，也就是j<=i。

for(int j=1; j<=i; j++)

输出内容为i最简单了：cout << i;。

```
1    #include <iostream>
2    using namespace std;
3    int main(){
4        for(int i=1;i<10;i++){
5            for(int j=1;j<=i;j++){
6                cout << i;
7            }
8            cout << endl;
9        }
10       return 0;
11   }
```

运行程序：

1

22

```
333
4444
55555
666666
7777777
88888888
999999999
```

 敲黑板

cout << endl需要放在外层循环内，因为它是在一个内循环结束后才执行分行的。
试试输出i会有什么结果。

```cpp
1  #include <iostream>
2  using namespace std;
3  int main() {
4      for(int i=1;i<10;i++) {
5          for(int j=1;j<=i;j++) {
6              cout << j;
7          }
8          cout << endl;
9      }
10     return 0;
11 }
```

运行程序：

```
1
12
123
1234
12345
123456
1234567
12345678
123456789
```

程序逻辑

第一次外循环i=1，内循环j=1，j<=1，内循环循环1次，输出j为1。

第二次外循环i=2，内循环j=1，j<=2，内循环循环2次，输出j为12。

……

第八次外循环i=8，内循环j=1，j<=8，内循环循环8次，输出j为12345678。

第九次外循环i=9，内循环j=1，j<=9，内循环循环9次，输出j为123456789。

▼ 一颗圣诞树

```
1    #include <iostream>
2    using namespace std;
3    int main(){
4        for(int i=0;i<10;i++){
5            for(int j=0;j<10-i-1;j++){
6                cout << " ";
7            }
8            for(int k=0;k<2*i+1;k++){
9                cout << '*';
10           }
11           cout << endl;
12       }
13
14       for(int i=0;i<10;i++){
15           for(int j=0;j<7;j++){
16               cout << " ";
17           }
18           for(int k=0;k<5;k++){
19               cout << '*';
20           }
21           cout << endl;
22       }
23       return 0;
24   }
```

运行程序：

```
        *
       ***
      *****
     *******
    *********
   ***********
  *************
 ***************
*****************
       *****
       *****
       *****
       *****
       *****
       *****
       *****
       *****
       *****
       *****
```

效果分析

圣诞树可以拆成两部分，一部分是三角形的树叶，一部分是长方形的树干。

第一部分：
由*组成，一共10行，数量分别是1,3,5,7,9,11,13,15,17,19。

第二部分：
由*组成，一共10行，每行的数量都是5。

程序逻辑

第一部分输出10行，所以可以设计一个10次的外循环。

for(int i=0;i<10;i++){ }

再来输出*，数量遵循奇数递增：

第一行，第一次外循环，输出1个。

第二行，第二次外循环，输出3个。

......

第九行，第九次外循环，输出17个。

第十行，第十次外循环，输出19个。

外循环次数是i，与输出数字有下面的关系：

i →	0	1	2	3	4	5	6	7	8	9
数量→	1	3	5	7	9	11	13	15	17	19

它们之间的关系：数量 = 2 × i + 1。

```cpp
for(int i=0;i<10;i++) {
    for(int k=0;k<2*i+1;k++) {
        cout << '*';
    }
    cout << endl;
}
```

输出结果：

```
*
***
*****
*******
*********
***********
*************
***************
*****************
*******************
```

没有居中？前面缺少了空格。

数一数，每一行有多少个空格？

```
——————————*
—————————***
————————*****
———————*******
```

```
—————*********
————***********
———*************
——***************
—*****************
*******************
```

从9到0个空格，设计一个循环从9到0：

i →	0	1	2	3	4	5	6	7	8	9
数量 →	9	8	7	6	5	4	3	2	1	0

它们之间的关系：数量 = 9 − i。

```
for(int j=9-i;j>0;j--){
    cout << ' ';
}
```

建立循环变量的彼此关系，让循环更加灵动。

第二部分树干就留给你自己实现了。

▶ 巩固练习

（1）根据下面程序的运行结果，完善程序。

程序运行结果：

```
1
1 2
1 2 3
1 2 3 4
1 2 3 4 5
1 2 3 4 5 6
1 2 3 4 5 6 7
1 2 3 4 5 6 7 8
1 2 3 4 5 6 7 8 9
```

程序代码：

```
代码
1    #include <iostream>
2    using namespace std;
3    int main() {
4        for(int i=1; i<10; i++) {
5            for( _____ ) {
6                cout << j << " ";
7            }
8            cout << endl;
9        }
10       return 0;
11   }
```

（2）阅读以下程序代码，输入3后程序会输出（　　）。

```
代码
1    #include <iostream>
2    using namespace std;
3    int main()
4    {
5        int n;
6        cin >> n;
7        for (int i = 1; i <= n; i++) {
8            for (int j = 1; j <= i; j++) {
9                cout << '*';
10           }
11           cout << endl;
12       }
13       for (int i = n-1; i > 0; i--) {
14           for (int j = i; j >= 1; j--) {
15               cout << '*';
16           }
17           cout << endl;
18       }
19       return 0;
20   }
```

```
A.                B.                C.                D.
    *                 ***               *                 *
    **                **                **                **
    ***               *                 ***               ***
    ****              *                 **                ****
    *****             **                *                 ***
                      ***                                 **
                                                          *
```

（3）改编本课的示例程序，输出如下的一幢小房子。

```
        *
       ***
      *****
     *******
    *********
   ***********
     *******
     *******
     *******
```

经典之九九乘法表 （多重循环应用）

```
1*1=1
1*2=2 2*2=4
1*3=3 2*3=6 3*3=9
1*4=4 2*4=8 3*4=12 4*4=16
1*5=5 2*5=10 3*5=15 4*5=20 5*5=25
1*6=6 2*6=12 3*6=18 4*6=24 5*6=30 6*6=36
1*7=7 2*7=14 3*7=21 4*7=28 5*7=35 6*7=42 7*7=49
1*8=8 2*8=16 3*8=24 4*8=32 5*8=40 6*8=48 7*8=56 8*8=64
1*9=9 2*9=18 3*9=27 4*9=36 5*9=45 6*9=54 7*9=63 8*9=72 9*9=81
```

这是我们熟悉而又经典的九九乘法表，在程序中它又是超经典的循环例子。让我们一同来分析一番，它的样子遵循了什么规律。

▶ 项目分析

输出多行，每行输出多个乘法式子，看上去是个双重循环。

代码

```cpp
for(int i=? ;i<? ;i++){
    for(int j=? ;j<? ;j++){
        cout <<? ;
    }
    cout << endl;
}
```

（1）一共9行，外循环9次，从1到9，只有9次，条件是i<10。

代码
```
for(int i=1; i<10; i++){
    for(int j=? ;j<? ;j++){
        cout <<? ;
    }
    cout << endl;
}
```

（2）内循环，内循总次数等于外循环当前所在次数的值，从1到i，共有i次，条件是
j<=i。

代码
```
for(int i=1; i<10; i++){
    for(int j=1 ;j<=i ;j++){
        cout <<? ;
    }
    cout << endl;
}
```

（3）输出格式，每一行第一个数字变化说明它是内循环的循环变量**j**，第二个数字不
变化说明它是外循环的循环变量**i**。

```
cout << j << '*' << i << '=' << i * j << " "
```

▼ 九九乘法表

代码
```
1   #include <iostream>
2   using namespace std;
3   int main(){
4       for(int i=1;i<10;i++){
5           for(int j=1;j<=i;j++){
6               cout << j << '*' << i << '=' << i * j << " ";
7           }
8           cout << endl;
9       }
10      return 0;
11  }
```

哇塞，短短10行代码就
把九九乘法表输出了，
循环太厉害了！

▶ 巩固练习

（1）阅读以下程序，回答问题。

```cpp
1  #include <iostream>
2  using namespace std;
3  int main(){
4      for(int i=1;i<=10;i++){
5          for(int j=2; j<i; j++){
6              if(i%j==0){
7                  break;
8              }
9          }
10         cout << i << "";
11     }
12     return 0;
13 }
```

①当i循环到4的时候，程序会执行break，然后直接跳出循环，结束程序。
（　）√　（　）×

②将cout << i << "";中的i换成j程序会输出什么？（　）

A. 2 2 3 4 2 3 4 5 6 2

B. 什么都不会输出

C. 12345678910

D. 程序会报错

（2）任意输入两个正整数num1和num2，然后输出num1和num2之间的所有质数。

示例：

请输入两个正整数：90 110
97 101 103 107 109

第59课

经典之鸡兔同笼
（多重循环应用）

数学中有一个经典的"鸡兔同笼"问题，已知头共有30个，脚共有90只，问笼中的鸡和兔各有多少只。

经典问题有各种解法，一起探索吧。

▶ **题目分析**

先来个假设，假设鸡有i只，兔有j只，那么我们能得到什么？

（1）一只鸡一个头，一只兔一个头 ➔ $i + j = 30$

（2）一只鸡两只脚，一只兔四条腿 ➔ $2 \times i + 4 \times j = 90$

问题求解

（1）方程都已经列好了，下面直接求解：

$i = 30 - j$

↓带入$2 \times i + 4 \times j = 90$

$2 \times (30 - j) + 4 \times j = 90$

↓计算

$j = 15$

↓

$i = 30 - j = 15$

（2）暴力求解：

```
1    #include <iostream>
2    using namespace std;
3    int main() {
4        for(int i=0;i<=30;i++) {
5            for(int j=0;j<=30;j++) {
6                if(i+j==30 && 2*i+4*j==90) {
7                    cout << i << " " << j;
8                }
9            }
10        }
11        return 0;
12    }
```

运行程序：

15 15

不用动脑筋，借助双重循环，鸡从0到30，同时兔从0到30，满足条件就输出数量。

（3）暴力结合条件：

```
1    #include <iostream>
2    using namespace std;
3    int main() {
4        for(int i=0;i<=30;i++) {
5            int j = 30 - i;
6            if(2*i+4*j==90) {
7                cout << i << " " << j;
8            }
9        }
10        return 0;
11    }
```

运行程序：

15 15

借助一个条件算出j，少一个循环快速解题。

▼ 鸡兔同笼

将固定的数字转变成变换的数字，即n个头，m只脚。

```cpp
1  #include <iostream>
2  using namespace std;
3  int main(){
4      bool answer = false;
5      int n,m;
6      cin >> n >> m;
7      for(int i=0;i<=n;i++){
8          int j = n - i;
9          if(2*i+4*j==m){
10             cout << i << " " << j;
11             answer = true;
12         }
13     }
14     if(!answer){
15         cout << "无解";
16     }
17     return 0;
18 }
```

运行程序：

①

30 90

15 15

②

30 91

无解

还有无解的题目呀，看来设计题目也需要动一动脑筋。

▼ 反算

想要设计鸡兔同笼的题目数字，不妨借助反算，先通过输入鸡和兔的数量求出头和脚的数量，再去构建题干。

```
1   #include <iostream>
2   using namespace std;
3   int main() {
4       int n,m;
5       cin >> n >> m;
6       cout << n+m << " " << 2*n+4*m;
7       return 0;
8   }
```

▶ 巩固练习

（1）方程中需要同时满足多个条件时，通常需要使用哪种运算符？（　　）

    A. ==   B. &&   C. || D. <>

（2）根据输出效果完善程序代码。

```
        1
      1 2 3
    1 2 3 4 5
  1 2 3 4 5 6 7
```

```
1   #include <iostream>
2   using namespace std;
3   int main() {
4       int n = 4;
5       for (int i = 1; i <= n; i++) {
6           for (int j = 1; _____; j++) {
7               cout << " ";
8           }
9           for (int j = 1; _____; j++) {
10              cout << j << " ";
11          }
12          cout << endl;
13      }
14      return 0;
15  }
```

（3）在一个篮子中有苹果和香梨，其中一个苹果的重量是0.2千克，一个香梨的重量是0.25千克。已知篮子中的水果的总个数和总重量，用一个for循环编写一个C++程序，计算出一种可能的篮子中每种水果的数量。

示例：

12 2.85

3 9

第60课

经典之百钱百鸡问题（多重循环应用）

百钱百鸡问题是一个数学问题，出自古代。鸡翁一，值钱五，鸡母一，值钱三，鸡雏三，值钱一，百钱买百鸡，问鸡翁、鸡母、鸡雏各几何？

意思是公鸡5文钱1只，母鸡3文钱1只，小鸡3只1文钱，我们要用100文钱买100只鸡，那么公鸡、母鸡和小鸡应该各买多少只？

▶ **题目分析**

通过题目，我们能得到什么呢？

假设公鸡x只，母鸡y只，小鸡z只，必须满足以下5个条件：

（1）0 <= x && x <= 20（100 ÷ 5）。

（2）0 <= y && y <= 33（100 ÷ 3），数量必须是整数）。

（3）0 <= z && z <= 300（100 × 3）。

（4）x + y + z =100（总数100只）。

（5）$5 × x + 3 × y + \frac{1}{3} × z = 100$（一共花了100文）。

百钱百鸡

（1）通过条件（1）（2）（3）构建3层for循环，进行暴力计算。

（2）通过if语句找出同时符合条件（4）和（5）的数量。

```
1   #include <iostream>
2   using namespace std;
3   int main() {
4       for(int x=0;x<=100/5;x++) {
5           for(int y=0;y<=100/3;y++) {
6               for(int z=0;z<=100*3;z++) {
7                   if(x+y+z==100 && 5*x+3*y+z/3==100 && z%3==0) {
8                       cout << x << ' ' << y << ' ' << z << endl;
9                   }
10              }
11          }
12      }
13      return 0;
14  }
```

运行程序：

0 25 75
4 18 78
8 11 81
12 4 84

▶ **提出思考**

为什么这个程序输出的结果多了几组可能？

0 25 75
3 20 77
4 18 78
7 13 80
8 11 81
11 6 83
12 4 84

这是因为忽略了一个非常关键的条件——**小鸡3只1文钱**，小鸡不是一只一只购买的，说明小鸡的数量一定是3的倍数。小鸡的数量要符合z % 3 = 0。

所以条件需要再用逻辑"与"（&&）连接z % 3 == 0。

▼ **优化**

经过优化，少一次循环，在x和y都确定的情况下z可以直接通过100−x−y得到。

```cpp
1    #include <iostream>
2    using namespace std;
3    int main(){
4        for(int x=0;x<=100/5;x++){
5            for(int y=0;y<=100/3;y++){
6                int z = 100 − x − y;
7                if(x+y+z==100 && 5*x+3*y+z/3==100 && z%3==0){
8                    cout << x << ' ' << y << ' ' << z << endl;
9                }
10           }
11       }
12       return 0;
13   }
```

运行程序：

```
0  25  75
4  18  78
8  11  81
12  4  84
```

这两种计算方式分别要循环多少次呢？看看优化了多少。

（1）21 × 34 × 301 = 214914

（2）21 × 34 = 714

优化的效率不是一点点哟！

▼ **次数记录**

也可以在循环中记录次数，声明count变量，每循环一次自增1。

```
1    #include <iostream>
2    using namespace std;
3    int main() {
4        int count = 0;
5        for(int x=0;x<=100/5;x++) {
6            for(int y=0;y<=100/3;y++) {
7                count++;
8                int z = 100 - x - y;
9                if(x+y+z==100 && 5*x+3*y+z/3==100 && z%3==0) {
10                    cout << x << ' ' << y << ' ' << z << endl;
11                }
12            }
13        }
14        cout << count;
15        return 0;
16    }
```

▶ 巩固练习

（1）阅读以下代码，程序的输出结果正确的是（   ）。

```
1    #include <iostream>
2    using namespace std;
3    int main() {
4        for (int i = 1; i <= 3; i++) {
5            for (int j = 1; j <= 4; j++) {
6                for (int k = 1; k <= 2; k++) {
7                    cout << i * j + k << " ";
8                }
9            }
10            cout << endl;
11        }
12        return 0;
13    }
```

A.

　4 5 6

　6 8 10

　8 11 14

B.

　3 4 4 5 5 6

　5 6 7 8 9 10

　7 8 10 11 13 14

C.

　2 3 3 4 4 5 5 6

　3 4 5 6 7 8 9 10

　4 5 7 8 10 11 13 14

D.

　1 2 2 3 3 4 4 5 5 6

　1 2 3 4 5 6 7 8 9 10

　1 2 4 5 7 8 10 11 13 14

（2）阅读以下程序，程序的输出结果正确的是（　　）。

```
1    #include <iostream>
2    using namespace std;
3    int main() {
4        int count = 0;
5        for(int x=0;x<=10;x++) {
6            for(int y=0;y<10;y++) {
7                for(int z=1;z<10;z++) {
8                    count++;
9                }
10           }
11       }
12       cout << count;
13       return 0;
14   }
```

A. 1000　　　B. 990　　　C. 1100　　　D. 1

（3）编写一个C++程序，使用三层嵌套循环，找出满足以下条件的所有三位数并输出，中间用空格隔开。

百位数、十位数、个位数的立方和等于这个三位数本身。

例如，153 是一个满足条件的数字，因为1^3 + 5^3 + 3^3 = 153。

第61课

一本日历（循环巩固）

敲代码啦！试着按照样例格式输出日历。

（1）月份居中显示。

（2）日期10天一排。

......

```
            1月
  1  2  3  4  5  6  7  8  9 10
 11 12 13 14 15 16 17 18 19 20
 21 22 23 24 25 26 27 28 29 30
 31
```

```
            2月
  1  2  3  4  5  6  7  8  9 10
 11 12 13 14 15 16 17 18 19 20
 21 22 23 24 25 26 27 28
```

```
            3月
  1  2  3  4  5  6  7  8  9 10
 11 12 13 14 15 16 17 18 19 20
 21 22 23 24 25 26 27 28 29 30
 31
```

```
            4月
  1  2  3  4  5  6  7  8  9 10
 11 12 13 14 15 16 17 18 19 20
 21 22 23 24 25 26 27 28 29 30
```

5月

```
 1  2  3  4  5  6  7  8  9 10
11 12 13 14 15 16 17 18 19 20
21 22 23 24 25 26 27 28 29 30
31
```

6月

```
 1  2  3  4  5  6  7  8  9 10
11 12 13 14 15 16 17 18 19 20
21 22 23 24 25 26 27 28 29 30
```

7月

```
 1  2  3  4  5  6  7  8  9 10
11 12 13 14 15 16 17 18 19 20
21 22 23 24 25 26 27 28 29 30
31
```

8月

```
 1  2  3  4  5  6  7  8  9 10
11 12 13 14 15 16 17 18 19 20
21 22 23 24 25 26 27 28 29 30
31
```

9月

```
 1  2  3  4  5  6  7  8  9 10
11 12 13 14 15 16 17 18 19 20
21 22 23 24 25 26 27 28 29 30
```

10月

```
 1  2  3  4  5  6  7  8  9 10
11 12 13 14 15 16 17 18 19 20
21 22 23 24 25 26 27 28 29 30
31
```

11月

```
 1  2  3  4  5  6  7  8  9 10
11 12 13 14 15 16 17 18 19 20
21 22 23 24 25 26 27 28 29 30
```

12月

```
 1  2  3  4  5  6  7  8  9 10
11 12 13 14 15 16 17 18 19 20
21 22 23 24 25 26 27 28 29 30
31
```

▼ 一本日历

（1）外层循环为月份。

（2）内层循环为日期（不同月份日期不同）。

（3）注意对齐和排列。

代码

```
1   #include <iostream>
2   #include <iomanip>
3   using namespace std;
4   int main(){
5       for(int i=1;i<=12;i++){
6           cout << setw(13) << i << "月" << endl;
7           if(i==1||i==3||i==5||i==7||i==8||i==10||i==12){
8               for(int j=1;j<=31;j++){
9                   cout << setw(2) << j << " ";
10                  if(j%10==0){
11                      cout << endl;
12                  }
13              }
14              cout << endl;
15          }
16          else if(i==2){
17              for(int j=1;j<=28;j++){
18                  cout << setw(2) << j << " ";
19                  if(j%10==0){
20                      cout << endl;
21                  }
22              }
23              cout << endl;
24              cout << endl;
25          }
26          else{
27              for(int j=1;j<=30;j++){
28                  cout << setw(2) << j << " ";
29                  if(j%10==0){
30                      cout << endl;
31                  }
32              }
33              cout << endl;
34          }
35      }
36      return 0;
37  }
```

年份还需要考虑闰年的情况。

▶ 巩固练习

（1）C++中的循环通常包括哪些？（　　）

A．for、if、while

B．for、while、do—while

C．while、switch、for

D．if、do—while、switch

（2）下面的C++代码执行多少次循环迭代？（　　）

```cpp
for (int i = 0; i < 2; i++) {
    for (int j = 0; j <= 3; j++) {
        for (int k = 0; k < 4; k++) {
            // 内部代码
        }
    }
}
```

A．24次

B．6次

C．12次

D．32次

（3）将日历程序进行改编，要求用户输入年份，打印出对应年份的日历本。

第62课

有人说谎（多重循环、逻辑推理）

来一场逻辑思考，找出说假话的人。

家里有4个孩子，分别是甲、乙、丙和丁。一天，放在餐桌上的糖果少了几颗，母亲问是谁偷吃了糖果。

4个孩子各有说辞。

甲说："我们中有人偷吃了糖果。"

乙说："我们4个都没有偷吃糖果。"

丙说："乙和丁至少有一人没有偷吃糖果。"

丁说："我没有偷吃糖果。"

如果4个孩子中有两个说的是真话，有两个说的是假话，那么说真话的是哪两个孩子？

如何使用程序找出说真话的孩子呢？

▼ 逻辑思考

分别将甲、乙、丙、丁用程序表达，甲为x，乙为y，丙为n，丁为m。将偷吃糖果设定为1，没偷吃设定为0。

再试着将他们说的话用程序表达：

甲说："我们中有人偷吃了糖果。"意味着至少有一个偷吃了 → $x + y + n + m > 0$

乙说："我们4个都没有偷吃糖果。"都没吃 → $x + y + n + m == 0$

丙说："乙和丁至少有一人没有偷吃糖果。" → $y + m <= 1$

丁说：我没有偷吃糖果 → $m == 0$

4句话两句真，两句假。

↓

(x + y + n + m > 0) + (x + y + n + m == 0) + (y + m <= 1) + (m == 0) == 2

判定条件已经确定，尝试可能的数值，4个人都只有1（偷吃）和0（没偷吃）两种情况，构建4层循环。

代码

```
for(int x = 0;x<=1;x++) {
    for(int y = 0;y<=1;y++) {
        for(int n = 0;n<=1;n++) {
            for(int m = 0;m<=1;m++) {
            }
        }
    }
}
```

根据最终得出的x、y、n、m的结果推断谁说的是真话：

（1）如果(x + y + n + m > 0)成立，则甲说的是真话。

（2）如果(x + y + n + m == 0)成立，则乙说的是真话。

（3）如果(y + m <= 1)成立，则丙说的是真话。

（4）如果(m == 0)成立，则丁说的是真话。

▼ 谁说真话

代码

```
1    #include <iostream>
2    using namespace std;
3    int main() {
4        for(int x = 0;x<=1;x++) {
5            for(int y = 0;y<=1;y++) {
6                for(int n = 0;n<=1;n++) {
7                    for(int m = 0;m<=1;m++) {
8                        if((x + y + n + m > 0) + (x + y + n + m == 0) + (y + m
                            <= 1) + (m == 0)  == 2) {
9                            cout << x << " " << y << " " << n << " " << m <<
                                endl;
```

代码

```
10      if((x + y + n + m > 0) == 1){
11              cout << "甲说的是真话。"<< endl;
12      }
13      if((x + y + n + m == 0) == 1){
14              cout << "乙说的是真话。"<< endl;
15      }
16      if((y + m <= 1) == 1){
17              cout << "丙说的是真话。"<< endl;
18      }
19      if((m == 0) == 1){
20              cout << "丁说的是真话。"<< endl;
21      }
22                  }
23              }
24          }
25      }
26  }
27      return 0;
28 }
```

运行程序：

0 0 0 1
甲说的是真话。
丙说的是真话。
0 0 1 1
甲说的是真话。
丙说的是真话。
1 0 0 1
甲说的是真话。
丙说的是真话。
1 0 1 1
甲说的是真话。
丙说的是真话。

一共有4种情况，结果都判定为甲和丙说的是真话。

▶ 巩固练习

（1）下列哪个循环结构至少执行一次？（　　）

    A．for循环

    B．while循环

    C．do-while循环

    D．都不一定

（2）在C++中，执行循环迭代，哪个关键字通常用于跳到下一次循环？（　　）

    A．skip

    B．next

    C．continue

    D．break

（3）编写一个C++程序，用户输入高度后生成一个菱形图案。高度必须为奇数，以便图案呈现对称性。

示例：

```
5
  *
 ***
*****
 ***
  *
```

第四部分
点、线、面、立体的组合——数组

加强训练（数组、循环）

欢迎参加跳绳活动，它不仅可以锻炼我们的心肺功能，有助于身体协调性和耐力的提高，还可以让我们保持健康、境强体能。

跳起来，10个精灵1分钟内的跳绳次数出炉了：123、159、59、23、201、189、168、 176、156、166。

请计算出精灵们跳绳成绩的平均值，同时给低于平均值的精灵们制定一个加强训练的方案。

▶ 温故知新

（1）求出跳绳次数平均值。

```cpp
#include <iostream>
using namespace std;
int main() {
    int num, sum=0, average;
    for(int i=0; i<10; i++) {
        cin >> num;
        sum += num;
    }
    average = sum/10;
    cout << "平均值为 " << average;
    return 0;
}
```

运行程序：

输入：

123 159 59 23 201 189 168 176 156 166

输出：

平均值为142

（2）将低于平均值的跳绳次数打印出来。

```cpp
1  #include <iostream>
2  using namespace std;
3  int main() {
4      int a, b, c, d, e, f, g, h, i, j, sum=0, average;
5      cin >>a>>b>>c>>d>>e>>f>>g>>h>>i>>j;
6      sum = a+b+c+d+e+f+g+h+i+j;
7      average = sum/10;
8      cout << "平均值为 " << average << endl;
9      if(a<average) {
10         cout << a << " ";
11     }
12     if(b<average) {
13         cout << b << " ";
14     }
15     if(c<average) {
16         cout << c << " ";
17     }
18     if(d<average) {
19         cout << d << " ";
20     }if(e<average) {
21         cout << e << " ";
```

代码

```
22          }
23          if(f<average) {
24              cout << f << " ";
25          }
26          if(g<average) {
27              cout << g << " ";
28          }
29          if(h<average) {
30              cout << h << " ";
31          }
32          if(i<average) {
33              cout << i << " ";
34          }
35          if(j<average) {
36              cout << j << " ";
37          }
38          return 0;
39      }
```

运行程序：

输入：

123 159 59 23 201 189 168 176 156 166

输出：

平均值为 142

123 59 23

搞定！！！

▶ 提出思考

目前只有10个数字还好，要是1000个数字该怎么办，总不能用1000个变量吧。

要是有个变量的集合就好了。

C++语言开发者早就想到了我们可能遇到的问题，构建了数组来帮助我们。

▼ 加强训练

```
1    #include <iostream>
2    using namespace std;
3    int main() {
4        int count[10];
5        int sum = 0, average;
6
7        for(int i=0; i<10; i++) {
8            cin >> count[i];
9            sum += count[i];
10       }
11
12       average = sum / 10;
13       cout << "平均值: "<< average;
14       cout << endl;
15
16       for(int i=0; i<10; i++) {
17           if(count[i] < average)
18               cout << count[i] << " ";
19       }
20       return 0;
21   }
```

运行程序：

输入：

123 159 59 23 201 189 168 176 156 166

输出：

平均值：142
123 59 23

（1）int count[10]：声明了一个可以存放10个整数的数组。

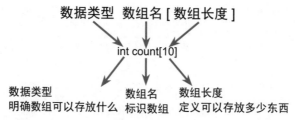

这里声明了数组count用于存储即将要输入的10个跳绳成绩，这些成绩都是整数，所以数组的数据类型声明为int，能够存放多少个整数由方括号中的数组长度决定。

（2）通过循环将输入的整数对应存入数组的指定位置。

代码
```cpp
for(int i=0;i<10;i++){
    cin >> count[i];
    sum += count[i];
}
```

敲黑板

如何将整数存入数组？

通过for循环将10个数字逐一存入数组，与变量的赋值有什么区别呢？先观察程序的写法有什么不一样。

代码
```cpp
for(int i=0;i<10;i++){    //循环10次，意味着存入10次
    cin >> count[i];      //通过cin >> num语句把数字存入数组
    sum += count[i];      //累计求和
}
```

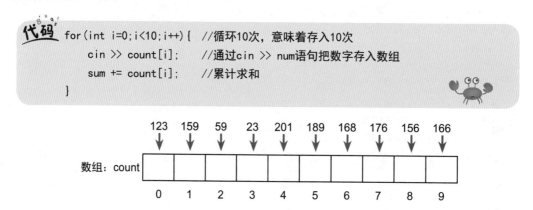

通过图示我们可以这样理解，int count[10]意味着创建了一个可以存放10个整数的格子联合体。

通过for循环将整数逐一放入对应的格子中，count[i]中的i就用来标记是哪个格子，标记格子位置的数字也被称为下标，i即为数组的下标变量，计数从0开始，往后加1。

其中的计数规则要从0开始，第一格是count[0]而不是count[1]。

（3）通过循环将数组中的整数逐一取出与平均值进行比较，输出低于平均值的次数。

```
for(int i=0;i<10;i++){
    if(count[i] < average)
        cout << count[i] << " ";
}
```

通过数组的下标取出对应位置的数据。

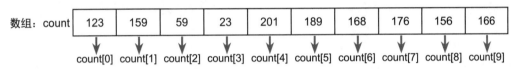

数组：count

123	159	59	23	201	189	168	176	156	166
count[0]	count[1]	count[2]	count[3]	count[4]	count[5]	count[6]	count[7]	count[8]	count[9]

想法拓展

数组分为一维数组、二维数组、三维数组、多维数组。

如果说变量a=1是点，那么一维数组a={0,1,2,3,4,5,6,7,8,9}似乎有些像线，二维数组就是面，三维数组就是立体。

▶ **巩固练习**

（1）下面哪个语句可以用于将整数值10存储在名为arr的整数数组的第三个元素中？（ ）

A．arr [2] = 10;   B．arr [3] = 10;   C．arr [10] = 3;   D．arr [3] = 2;

（2）要求取出数组中第3~6个元素并输出，请完善以下代码。

```
for( _____ ){

    cout << _____ << " ";
}
```

（3）编写一个C++程序，输入一个班级中所有学生的学号（一个班级共9位学生，学号1~999），然后输入要查找的学生学号，判断这位学生是否在这个班级中。如果该学生在班级中，则输出1，否则输出0。

示例：

输入：

34 45 87 234 123 983 721 235 32
66

输出：

0

统计校服（数组、数组长度、数组越界）

新学期到了，需要给同学们定制新的校服。校服一共分为3个尺码：M码对应的身高为155~165（含155，不含165）厘米，L码对应的身高为165~175（含165，不含175）厘米，XL码对应的身高为175~185（含175，不含185）厘米。现已将同学们的身高统计上来了，需要知道M码、L码、XL码校服各需要多少套？

如果有校服尺码范围外的身高就打印出来。

▶ 题目分析

假设需要M码校服m套，L码l套，XL码xl套。

将学生们的身高用数组存放，再逐一匹配校服尺码，统计出每个尺码各需要多少套。

```
1   #include <iostream>
2   using namespace std;
3   int main(){
4       //M[155-165],L[165-175],XL[175-185]
5       int m=0,l=0,xl=0;
6       float height[10] = {155.6,166.8,165.5,158.9,175.8,175,182.3,170.8,173.5,178.8};
7       for(int i=0;i<10;i++){
8           if(height[i]>=155 && height[i]<165){
9               m++;
10          }
11          else if(height[i]>=165 && height[i]<175){
```

代码

```
12          l++;
13        }
14        else if(height[i]>=175 && height[i]<185){
15            xl++;
16        }
17        else{
18            cout << height[i] << " " << endl;
19        }
20      }
21      cout << m << " " << l << " " << xl;
22      return 0;
23 }
```

运行程序:

145.5

188.8

2 3 3

145.5和188.8没有匹配的尺码，需定制校服M码2套，L码3套，XL码3套。

（1）int m=0,l=0,xl=0：声明3个变量，分别用于记录每个尺码衣服的数量。

（2）float height[10] = {155.6,166.8,165.5,158.9,175.8,175,182.3,170.8,173.5,178.8}：声明一个浮点型数组height，用于存储班级同学的身高。

划重点

数组可以看作一个集合，里面存放了相同类型的数据元素。

数组有3个特点：

①这些数据存放的位置是一块连续的内存空间。

②数组中每个元素都是相同的数据类型。

③数组中的元素通过下标访问arr[下标]（数组的下标是从0开始的）。

定义一维数组的3种方式：

①数据类型 数组名[数组长度] → int arr[6]。

②数据类型 数组名[数组长度]={值1，值2，…}→float arr[3] ={12.6,65.8,98.8}。

③数据类型 数组名[]={值1，值2，…} → char arr[ ]={'a','b','c','d'}。

敲黑板

当数组初始化值的数量小于数组长度时，未初始化的元素将会默认初始化为0。

int arr[10] = {0} → 将数组中的所有元素初始化为0。

int arr[10] = {1} → 将数组中的第一个元素arr[0]初始化为1，其他默认初始化为0。

int arr[10] = {1,2,3} → 将数组中的前三个元素依次初始化为1，2，3，其他默认初始化为0。

（3）通过循环取出数组中的每一个值。

```
for(int i=0;i<10;i++){

}
```

每一个i对应一个数组下标，从0循环到数组长度–1，刚好将数组元素全部取出。

（4）height[i]>=155 && height[i]<165：将取出元素与尺码比对，如果满足M码则m++，这样就统计出了M码的数量。

▶ 提出思考

有什么办法可以直接提取到数组长度呢？

比如这样定义的数组char arr[]={'a','b','c','d','d','d','d','d','d','d','d','d'}，难道需要手动数吗？当然不用。

```
1   #include <iostream>
2   using namespace std;
3   int main(){
4       char arr[]={'a','b','c','d','d','d','d','d','d','d','d','d'};
5       cout << sizeof(arr)/ sizeof(arr[0]);
6       return 0;
7   }
```

运行程序：

12

划重点

sizeof(arr)→sizeof(数组名)（字节单位，不是元素个数）。

使用sizeof获取的数组大小是以字节为单位的，int类型占据4字节。

```
代码  1    #include <iostream>
      2    using namespace std;
      3    int main() {
      4        int arr[]={1, 2, 3};
      5        cout << sizeof(arr);
      6        return 0;
      7    }
```

运行程序：

12

3个数字，每个数组单元占4字节 → 3 × 4 = 12。

那么要想获取到元素个数，可以先通过sizeof获取到整个数组的大小（以字节为单位），再除以单个元素的大小（也以字节为单位），就能得到数组的元素个数。

```
代码  1    #include <iostream>
      2    using namespace std;
      3    int main() {
      4        int arr[]={1, 2, 3};
      5        cout << sizeof(arr)/sizeof(arr[0]);
      6        return 0;
      7    }
```

运行程序：

3

说到数组长度，就一定要提到一个词语——**数组越界**，千万要注意哟！如果数组长度为10，那么第11个元素是不存在的，请千万不要超出了数组的长度。

▶ 巩固练习

（1）下面哪个语句用于遍历myArray数组，并输出每个元素的值？（　　）

A．for (int i = 0; i < myArray.length(); i++) { cout << myArray[i] << " "; }

B．for (int i = 1; i <= sizeof(myArray); i++) { cout << myArray[i] << " "; }

C．for (int i = 0; i < sizeof(myArray)/sizeof(myArray[0]); i++) { cout << myArray[i] << " "; }

D．for (int i = 1; i < myArray.length(); i++) { cout << myArray[i] << " "; }

（2）C++中的数组允许存储不同类型的数据？（　　）√（　　）×

（3）编写程序输入若干个1~99的数字，将其中含有2的数字组成一个新的数组，并输出。

示例：先输入数字的个数，再输入这些数字。

输入：

6

12 34 52 67 82 92

输出：

12 52 82 92

第65课

热闹的火柿节（数组应用）

又到了一年一度的火柿节，果果计划前往柿子林，树上到处都结满了柿子。果果挑选了一根2米长的竹竿就出发了。

已知：果果手伸直可以达到的最大高度是179厘米，已知10个柿子的高度，请帮忙计算一下这10个柿子果果能够摘到几个？

输入：

请输入10个大于2米且小于或等于5米的柿子高度。

输出：

果果采摘到柿子的数量。

样例输入：

201 456 500 264 245 489 368 400 488 365

样例输出：

5

▼ 摘柿子

```
代码  1  #include <iostream>
      2  using namespace std;
      3  int main(){
      4      int persimmonHeight[10],count;
      5      int height=179 + 200;
      6      for(int i=0;i<10;i++){
```

```
代码  7          cin >> persimmonHeight[i];
      8      }
      9      for(int i=0;i<10;i++) {
     10          if(height>=persimmonHeight[i]) {
     11              count++;
     12          }
     13      }
     14      cout << count;
     15      return 0;
     16  }
```

测试通过！！！

（1）int persimmonHeight[10]：声明一个长度为10的整数类型的数组，用于存放柿子的高度。

（2）int height=179 + 200：这里需要注意两点，一是单位的换算，二是伸手高度加上竹竿的长度才是摘柿子的最高高度。

（3）通过for循环将10个柿子的高度输入数组：

```
代码  for(int i=0;i<10;i++) {
          cin >> persimmonHeight[i];
      }
```

（4）再将数组中的元素一一取出与最大高度对比，小于或等于最大高度范围的柿子可以采摘到，遇到一个可以采摘的柿子count计数加1。

```
代码  for(int i=0;i<10;i++) {
          if(height>=persimmonHeight[i]) {
              count++;
          }
      }
```

阅读题目条件要细心，千万不要漏掉任何一个可能的条件！

▶ 巩固练习

（1）如果你想在C++中初始化一个整数数组，使其包含1到5的值，应该选择哪一项？（　　）

  A．int numbers[1，2，3，4，5]； B．int numbers[] = {1，2，3，4，5}；

C．float numbers[5] = {1，2，3，4，5}； D．int numbers = [1，2，3，4，5]；

（2）下面这段代码的目的是什么？（   ）

```
int numbers[5] = {1, 2, 3, 4, 5};
int sum = 0;
for (int i = 0; i < 5; i++) {
    sum += numbers[i];
}
```

A．打印数组的每个元素   B．计算数组中所有元素的和
C．查找数组中的最大值   D．删除数组中的负数

（3）需要你设计一款成绩管理系统，记录学生的成绩并计算平均分。首先输入学生数量，然后使用一个整数数组来存储输入的学生分数，最后计算并输出这些分数的平均值。

样例输入：

5
98 97 96 95 94

样例输出：

96

注意，分数可能是小数。

第66课

经典之冒泡排序（数组、冒泡排序）

回味经典，我们一起来探索冒泡排序。说到冒泡你一定见过，喝汽水的时候，汽水中常常会有许多小小的气泡，缓缓地从瓶底浮到水面。"冒泡排序"也因此得名，在排序过程中，较大（或较小）的元素会像气泡一样逐渐浮到数组的一端。

我们的任务是运用冒泡排序的方法将数组int arr[15]={23,45,12,24,67,16,8,98,54,43,46,45,109,68,86}按照从小到大的顺序排列。

▼ **核心思想**

每种排序方法都有它自己的核心思想，只要掌握了核心思想，按照规则实现程序就可以了。

冒泡排序的核心思想：

依次将两两相邻的数字进行比较，将大数或小数放到一端。

冒泡排序的基本操作：

（1）按顺序比较两两相邻的元素。

（2）根据大小需求交换元素位置。

冒泡排序法的推演

来吧，试试对这样一组数字9、5、8、6、3进行冒泡排序，使得数字从小到大排列。小数在前大数在后，将大数往后移动。

1. 第一轮开始

（1）第一波比较相邻数字9和5。

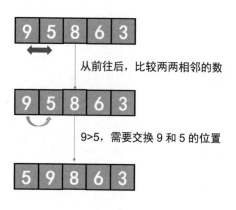

从前往后，比较两两相邻的数

9>5，需要交换 9 和 5 的位置

（2）第二波比较相邻数字9和8。

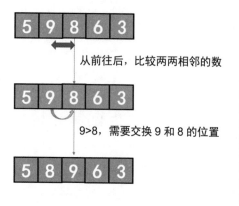

从前往后，比较两两相邻的数

9>8，需要交换 9 和 8 的位置

（3）第三波比较相邻数字9和6。

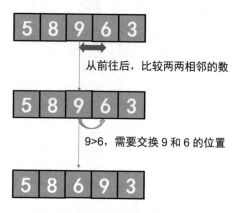

从前往后，比较两两相邻的数

9>6，需要交换 9 和 6 的位置

（4）第四波比较相邻数字9和3。

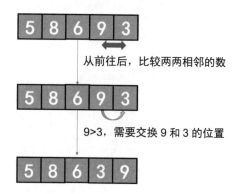

从前往后，比较两两相邻的数

9>3，需要交换 9 和 3 的位置

（5）这5个数字，经过4波比较，将最大数字9找出来并且放到了最后。

懂了，冒泡排序在一轮比较后就找了最大数字并且放到了最后。

2．第二轮开始，从头来，这是要找第二大的数字了

（1）第一波比较相邻数字5和8。

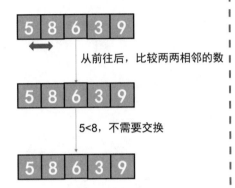

从前往后，比较两两相邻的数

5<8，不需要交换

（2）第二波比较相邻数字8和6。

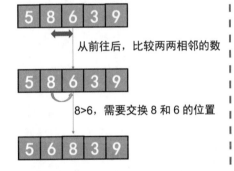

从前往后，比较两两相邻的数

8>6，需要交换 8 和 6 的位置

（3）第三波比较相邻数字8和3。

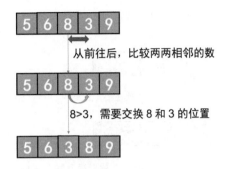

从前往后，比较两两相邻的数

8>3，需要交换 8 和 3 的位置

（4）这一轮共**4**个数字，经过**3**波比较，找出了第二大数字8放到了后面。

对的，9已经确定是最大的，所以最后不需要再和8比较了。

3．第三轮开始，从头来，找出第三大数字

（1）第一波比较相邻数字5和6。

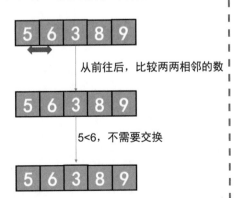

从前往后，比较两两相邻的数

5<6，不需要交换

（2）第二波比较相邻数字6和3。

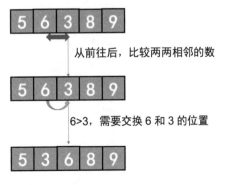

从前往后，比较两两相邻的数

6>3，需要交换 6 和 3 的位置

（3）这一轮有**3**个数字，经过了**2**波比较，找出了6。

4. 第四轮开始

2个数字，一轮比较

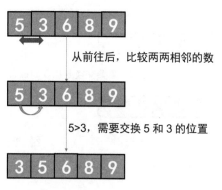

从前往后，比较两两相邻的数

5>3，需要交换 5 和 3 的位置

最终排序成功 → 3、5、6、8、9。

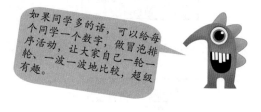

如果同学多的话，可以给每个同学一个数字，做冒泡排序活动，让大家自己一轮一轮、一波一波地比较，超级有趣。

 敲黑板

关键来啦，到底需要几轮比较，每一轮到底需要比较几波？

一起来总结和思考：

（1）5个数字，第一轮比较找出了9并且放到了最右端。按照冒泡排序的核心思想，每轮比较我们都找出了剩余数字中最大的数字并放到了最右边。

（2）5个数字，只要找出4个数字的正确顺序，排序也就完成了，所以一共进行了4轮，相邻数字两两比较，比较次数要比参与比较的数字少1。**有多少个数字排序，比较的轮数就比参与排序的数字数量少1。**

（3）每一轮又进行了多少波的比较呢？5个数字需要4波比较。每一轮**比较的波数比参与比较的数字的数量少1**。

程序逻辑

来吧，根据总结和思考以及冒泡排序的基本操作，我们编写代码。

假设有n个数字进行排序，组合成数组arr[n]。

（1）冒泡排序需要**数字数量−1**轮比较，这个是外层循环。

```
for(int i=0;i<n-1;i++){

}
```

（2）每轮需要多少波比较呢？

比较波数比参与比较的数字的数量少1，于是需要知道参与比较数字的数量。我们知道每一轮比较可以确定一个数字，那么i轮比较也就确定了i个数字，意味着剩余数量为**n-i**个。

然后波数再比剩余数量还少1，所以需要**n-i-1**波。这是内层循环。

代码
```
for(int j=0;j<n-i-1;j++){

}
```

（3）根据数字大小进行位置交换，这就回到之前学习过的互换。

代码
```
if(arr[j]>arr[j+1]){
    temp = arr[j+1];
    arr[j+1]=arr[j];
    arr[j]=temp;
}
```

尝试编写冒泡排序的程序吧！对比排序前和排序后数字顺序的变化。

代码
```
1   #include <iostream>
2   using namespace std;
3   int main(){
4       int temp;
5       int arr[15]={23,45,12,24,67,16,8,98,54,43,46,45,109,68,86};
6       int n = sizeof(arr)/sizeof(arr[0]);
7       cout << "排序前：";
8       for(int i=0;i<n;i++){
9           cout << arr[i] << " ";
10      }
11      cout << endl;
12      //冒泡排序
13      for(int i=0;i<n-1;i++){
14          for(int j=0;j<n-i-1;j++){
15              if(arr[j]>arr[j+1]){
16                  temp = arr[j+1];
```

代码

```
17              arr[j+1]=arr[j];
18              arr[j]=temp;
19            }
20          }
21        }
22
23        cout << "排序后: ";
24        for(int i=0;i<n;i++) {
25            cout << arr[i] << " ";
26        }
27        return 0;
28    }
```

运行程序:

排序前: 23 45 12 24 67 16 8 98 54 43 46 45 109 68 86
排序后: 8 12 16 23 24 43 45 45 46 54 67 68 86 98 109

 敲黑板

冒泡排序3大要点:

(1)确定外循环次数,也就是需要几轮比较 → **参与排序的数字的数量 − 1**。

(2)确定内循环次数,每轮比较又需要几波 → **剩余数字数量 − 1**。

(3)根据排序的大小要求,决定if条件和交换顺序。

注意

程序中使用了arr[j+1],很有可能会导致数组越界。

▶巩固练习

(1)根据课程中讲述的冒泡排序程序,数组{2,4,8,3,6,1}外循环完成一轮后,该数组会变成什么样子?( )

        A. 2,4,8,3,6,1

        B. 2,4,3,6,1,8

        C. 1,2,3,4,6,8

        D. 4,8,3,6,2,1

(2)完善以下程序,使得数字9,4,5,8,2,4,10,5,6,9从小到大排序。

```
//冒泡排序
    for(int i=0;i<_____;i++){
        for(int j=0;j<_____;j++){
            if(arr[j]>arr[j+1]){
                temp = arr[j+1];
                arr[j+1]=arr[j];
                arr[j]=temp;
            }
        }
    }
```

（3）编写一个C++程序，输入10个考试成绩得分（0~100），将成绩由大到小排序输出。

输入：

输入10个成绩得分，成绩之间用空格隔开。

输出：

按照由大到小的顺序输出成绩。

样例输入：

69.5 89.5 78.5 68 88.5 98 58 96.5 69.5 80

样例输出：

98 96.5 89.5 88.5 80 78.5 69.5 69.5 68 58

第67课

经典之选择排序（数组、选择排序）

选择排序是一种简单但强大的排序算法，它可以帮助我们对一组存储在数组中的数字进行排序。选择排序的工作方式很简单。它在每一轮中找到数组中未排序部分的最小元素，然后将其与未排序部分的第一个元素交换位置。不断重复这个过程，每次都将一个数组元素放到正确的位置，直到整个数组排序完成。

我们的任务是运用选择排序的方法将数组int arr[15]={23,45,12,24,67,16,8,98,54,43,46,45,109,68,86}按照从小到大的顺序排列。

▼ 核心思想

不断找到数组中未排序部分的最小元素或最大元素，然后将其与数组中未排序部分的第一个元素交换位置。

可以将要排序的数组看作两个序列：一个是已排列序列，一个是未排列序列。每次从未排列序列中通过依次比较找出最小元素或最大元素，按照顺序放入已排列序列中，当未排列序列的元素全部放入已排序序列中时，排序就完成了。

选择排序的基本操作：

（1）每轮比较找出最大或最小元素。

（2）依次将最大或最小元素排在前面。

▼ 选择排序法的推演

来吧，试试对9、5、8、6、3这组数字进行一次选择排序，看看有什么不同。

同样按照从小到大的顺序排列。

1．第一轮开始

（1）第一波，将第一个元素设为最小值min。

（2）第二波比较min（9）和5。

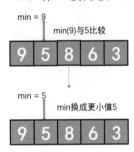

（3）第三波比较min（5）与8。

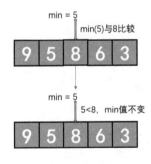

（4）第四波比较min（5）与6。

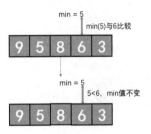

（5）第五波比较min（5）与3。

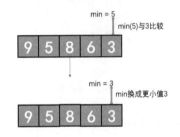

（6）最后将最小值3所在的元素与第一个元素9互换位置。

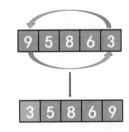

2．第二轮，比较未排序数字，取出未排序中的最小值

（1）第一波，取未排序第一个元素5设为min。

（2）第二波比较min（5）与8。

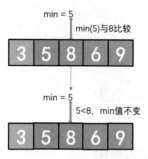

（3）第三波比较min（5）与6

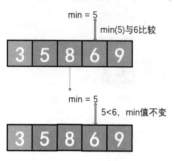

（4）第四波比较min（5）与9

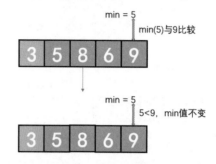

（5）这波比较依旧是5最小，所以不用交换位置。

3．第三轮，比较未排序数字，取出未排序中的最小值

（1）第一波，取未排序第一个元素8设为min。

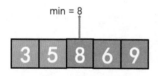

（2）第二波比较min（8）与6。

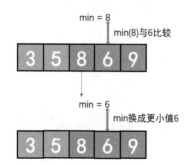

（3）第三波比较min（6）与9。

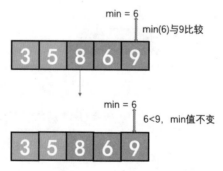

（4）最后将未排序最小值6所在的元素与未排序第一个元素8互换位置。

4．第四轮，比较未排序数字，取出未排序中的最小值

（1）第一波，取未排序第一个元素8设为min。

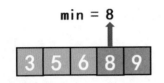

（2）第二波比较min（8）与9。

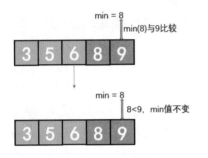

（3）最后依旧是8最小，所以不用换位置。

（4）只剩最后一个数字了，无须继续比较，排序结束。

 敲黑板

关键来啦，需要几轮？需要几波？

一起来总结和思考：

（1）5个数字，每一轮需要找出一个最小值，总共花费4轮。如果有n个数字，确定了n−1个数字的正确排序，也就完成了n个数字的排序。**每轮找出一个最小值，全部确定需要n−1轮。**

（2）每一轮又进行了多波的比较呢？5个数字一轮比较需要4波。**比较波数比剩余需要比较的数字的数量少1**。但是不是从头开始，而是从**n−轮数**开始。例如，第二轮是从第二个元素开始的。

（3）每一轮取出较小的值，依次比较寻找更小的值，以确定本轮的最小值。

程序逻辑

来吧，根据总结和思考选择排序的基本操作，我们编写代码。

假设有n个数字进行排序，组合成数组arr[n]。

（1）选择排序需要**数字数量−1**轮比较，这是外层循环。

代码
```
for(int i=0;i<n-1;i++){

    }
```

（2）每轮需要比剩余需要比较的数字的数量少1波的比较。

代码
```
for(int j=0;j<n-i-1;j++){

    }
```

但是有一点需要注意，比较不是从数组下标0开始，而是从数组下标i开始，那到什么时候结束呢？也是到最后一个数字的数组下标为n-1时结束。

代码
```
for(int j=i;j<=n-1;j++){

    }
```

（3）已进入外层循环，就需要将剩余的第一个元素设为最小值，同时为了便于后续的位置互换，需要记录最小值的位置。

代码
```
int min = arr[i];
int minIndex = i;
```

（4）如果遇到更小值，则将更小值替换min，并重新记录位置。

代码
```
if(arr[j]<min){
    min = arr[j];
    minIndex = j;
}
```

（5）如果最小值不是第一位，则需要将最小值和第一位互换位置，第一位就是i所在的位置。

代码
```
if(i!=minIndex){
    arr[minIndex] = arr[i];
    arr[i] = min;
}
```

选择排序

代码

```
1    #include <iostream>
2    using namespace std;
3    int main(){
4        int arr[15]={23, 45, 12, 24, 67, 16, 8, 98, 54, 43, 46, 45, 109, 68, 86};
5        int n = sizeof(arr)/sizeof(arr[0]);
6        for(int i=0;i<n-1;i++){
7            int min = arr[i];
8            int minIndex = i;
9            for(int j=i;j<=n-1;j++){
10               if(arr[j]<min){
11                   min = arr[j];
12                   minIndex = j;
13               }
14           }
15           if(i!=minIndex){
16               arr[minIndex] = arr[i];
17               arr[i] = min;
18           }
19       }
20
21       for(int i=0;i<n;i++){
22           cout << arr[i] << " ";
23       }
24       return 0;
25   }
```

运行程序：

8 12 16 23 24 43 45 45 46 54 67 68 86 98 109

▶ 巩固练习

（1）选择排序的工作原理是什么？（　　）

　　A．将数组的元素按字母顺序排列

　　B．多次遍历数组，找到未排序部分的最小或最大元素，并将其移到已排序部分
　　　　的一端

C．随机重新排列数组的元素

D．将数组的元素反转

（2）如果对一个有100个元素的数组进行选择排序，它将执行多少次比较操作？
（　）

　　A．100　　　　　　B．99　　　　　C．4950　　　　　D．9900

（3）假设你有一个班级的10位学生成绩（整数），想用选择排序将成绩按从高到低的顺序排序。请编写一个C++程序，对输入的10个成绩使用选择排序进行排序，并输出结果。

样例输入：

89 98 78 68 96 62 68 87 89 99

样例输出：

99 98 96 89 89 87 78 68 68 62

第68课

字符串密码（数组、字符）

　　截取到一段机密电文"ecalp lausu ruo ta rehtag ew noonretfa yadrutas"，这到底是什么意思呢？

　　经过一番研究才知道，电文采用了倒序排列的方式进行传输，现在我们需要将电文正序排列才能获取到内容的真实含义。

▶ 温故知新

```
1   #include <iostream>
2   #include <string>
3   using namespace std;
4   int main() {
5       char ch[100];
6       int length;
7       cin >> length;
8       for(int i=0;i<length;i++){
9           cin >> ch[i];
10      }
11      //倒序
12      for(int i=length-1;i>=0;i--){
13          cout << ch[i];
14      }
15      return 0;
16  }
```

运行程序:

输入:

40

ecalplausuruotarehtagewnoonretfayadrutas

输出:

saturdayafternoonwegatheratourusualplace

哎呀,这样只能省去空格了。

(1)输入字符数组长度cin >> length,确定数组长度后再运用for循环逐一将字符输入。

(2)使用从数组最后一个字符开始输出的方式,将字符数组倒序输出。

```
for(int i=length-1;i>=0;i--) { //从数组最后一项length-1一直到第一项0
    cout << ch[i];
}
```

▼ 字符破解

试试字符串吧!

```
1   #include <iostream>
2   #include <string>
3   using namespace std;
4   int main() {
5       string str;
6       getline(cin,str);
7       for(int i=str.length()-1;i>=0;i--){
8           cout << str[i];
9       }
10      return 0;
11  }
```

运行程序:

输入:

ecalp lausu ruo ta rehtag ew noonretfa yadrutas

输出：

saturday afternoon we gather at our usual place

（1）声明一个字符串变量str用来存放文字。

（2）getline(cin,str)：借助getline()函数读取字符串，其中cin表示我们从输入流（也就是我们的输入）中读取，然后存放到字符串str中。

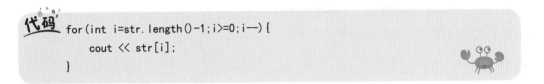

cin（输入流）

↓

（赋值）——→ str

ecalp lausu ruo ta rehtag ew noonretfa yadrutas

（3）字符串可以看作一个字符数组，同样按照倒序的方式将其中的字符逐一输出。

代码
```
for(int i=str.length()-1;i>=0;i--){
    cout << str[i];
}
```

敲黑板

getline(cin, str)是getline函数的调用。它的第一个参数是输入流对象cin，表示标准输入；第二个参数是一个字符串变量str，也就是我们声明的字符串变量，用于存储用户输入的一行文本。

getline函数会读取用户输入的整行文本，包括空格和其他字符，直到遇到回车键（Enter键）。然后，它将这一行文本存储到字符串变量str中。

▶ **巩固练习**

（1）字符串是什么数据类型？（　　）

　　A．int

　　B．char

　　C．string

　　D．double

（2）根据程序的输出，完善程序。

```
代码  1  #include <iostream>
      2  #include <string>
      3  using namespace std;
      4  int main() {
      5      string text = "Hello, World!";
      6      int length = text._____;
      7      cout << "字符串的长度是: " << length;
      8      return 0;
      9  }
```

运行程序：

字符串的长度是：13

（3）编写一个C++程序，判断输入的一段字符串是否为回文，如果是，就输出"是回文"；如果不是，就输出"不是回文"。

示例1：

样例输入：

abcddcba

样例输出：

是回文

示例2：

样例输入：

fsdfk

样例输出：

不是回文

第69课

二维矩阵（二维数组）

什么是九宫数独呢，它有什么规则呢？

水平方向分为九横行，竖直方向分为九纵列，将整个盘面分成为81个小方格。要求每横行九个格子中，包含1~9九个数字；每纵列九个格子中，包含1~9九个数字；每个小九宫格的九个格子中，也必须包含1~9九个数字。

▼ 这是二维数组

声明（即定义）一个二维数组，并将它输出。

```cpp
1    #include <iostream>
2    using namespace std;
3    int main(){
4        int arr[3][3]={{1,2,3},{4,5,6},{7,8,9}};
5
6        for(int i=0;i<3;i++){
7            for(int j=0;j<3;j++){
8                cout << arr[i][j];
9            }
10           cout << endl;
11       }
12       return 0;
13   }
```

运行程序：

123

456

789

一维数组配套一层循环，二维数组配套两层循环。

● 当循环i=0时，输出了二维数组第一行。

● 当循环i=1时，输出了二维数组第二行。

● 当循环i=2时，输出了二维数组第三行。

● 内循环j表示第几列，下标都是从0开始。

 划重点——声明二维数组

（1）数据类型 数组名[行数][列数] → int arr[9][8]

（2）数据类型 数组名[行数][列数] = {{数据1,数据2···}，{数据a，数据b ···}}

（3）数据类型 数组名[行数][列数] = {数据1,数据2,数据3,数据4···}

尝试各种声明数组的方法，看看有什么不一样。

任务来了，用1~9九个数字输入一个九宫格数组，使得数组横竖和斜线之和都相等。

代码

```
1   #include <iostream>
2   using namespace std;
3   int main() {
4       int arr[3][3];
5
6       for(int i=0;i<3;i++) {
7           for(int j=0;j<3;j++) {
8               cin >> arr[i][j];
9           }
10      }
11
12      cout >> "输入完成！";
13      return 0;
14  }
```

运行程序：

```
9 6 7
1 2 3
4 8 5
```
输入完成！

同样使用了两层循环：

（1）外层循环先确定行。

```
for(int i=0;i<3;i++){

}
```

（2）内层循环在确定列。

```
for(int j=0;j<3;j++){

}
```

（3）最后确定九宫格的格子。

```
arr[i][j]
```

 敲黑板

一维数组像这样：

二维数组像这样：

3	5	6	8	9
3	5	6	8	9
3	5	6	8	9
3	5	6	8	9

▶ **巩固练习**

（1）在C++中，如何访问一个二维数组的第4行第5列元素？（　）

    A．arr(3，4)；

    B．arr[3，4]；

    C．arr[3][4]；

    D．arr(3)(4)；

（2）在C++中，如何创建一个3x3的单位矩阵（对角线元素为1，其余为0）？（　　）

    A．int arr[3][3] = {{1, 0, 0}, {0, 1, 0}, {0, 1, 0}};

    B．int arr[3][3] = {1, 0, 0, 0, 1, 0, 0, 0, 1};

    C．int arr[3][3];

    D．int arr[3][3] = {0, 1, 0, 0, 1, 0, 0, 1, 0};

（3）编写一个C++程序，分别输入班级中所有同学的数学、语文、英语的成绩，计算并输出班级的数学、语文、英语的平均分。

①第一行输入班级人数。

②然后按照如下格式输入成绩。

姓名/分数	数　学	语　文	英　语
A同学	98	96	99
B同学	87	89	88
C同学	96	97	84
D同学	98	87	86

样例输入：

4

98 96 99

87 89 88

96 97 84

98 87 86

样例输出：

94.75 92.25 89.25

翻转钥匙（二维数组）

魔法大门上挂着一把巨大的锁，锁外面吊着一把巨大钥匙，只要能把钥匙推进锁芯，就可以打开通往魔法的大门。但是这把钥匙巨大而且还是反着的，就算有再大的力气也没办法将它翻转。

钥匙是由符号组成的二维数组，如果可以将二维数组转换一下，或许就可以把钥匙翻转过来。

```
char arr[5][5]={{'*','*','#','*','&'},
                {'*','%','#','&','*'},
                {'#','#','#','&','*'},
                {'*','%','#','&','*'},
                {'*','*','#','*','&'}};
```

转换 ↓

```
char arr[5][5]={{'&','*','#','*','*'},
                {'*','&','#','%','*'},
                {'*','&','#','#','#'},
                {'*','&','#','%','*'},
                {'&','*','#','*','*'}};
```

▼ 翻转钥匙

```
代码
1   #include <iostream>
2   using namespace std;
3   int main() {
4       char arr[5][5]={{'*','*','#','*','&'},
5                       {'*','%','#','&','*'},
6                       {'#','#','#','&','*'},
7                       {'*','%','#','&','*'},
8                       {'*','*','#','*','&'}};
9       //转换
10      for(int i=0;i<5;i++) {
11          for(int j=0;j<5/2;j++) {
12              char temp = arr[i][j];
13              arr[i][j] = arr[i][4-j];
14              arr[i][4-j] = temp;
15          }
16      }
17
18      for(int i=0;i<5;i++) {
19          for(int j=0;j<5;j++) {
20              cout << arr[i][j];
21          }
22          cout << endl;
23      }
24      return 0;
25  }
```

运行程序：

&*#**

&#%

*&###

&#%

&*#**

耶，钥匙翻转成功，大门打开了！

想要翻转二维数组，两层循环嵌套是少不了的，外层循环确定行，内层循环确定元素，再完成转换。

　　每行的位置**0**与**4**互换，**1**与**3**互换，下标相加为4的两个元素同行互换位置。只要前一半的元素互换完成，后一半的也就换好了。

```
*  *  #  *  &
*  %  #  &  *
#  #  #  &  *
*  %  #  &  *
*  *  #  *  &
```

　　（1）外层循环确定行，一共5行，进行5次循环。

代码
```
for(int i=0;i<5;i++){

}
```

　　（2）内层循环确定元素，同时只需要前一半。

代码
```
for(int j=0;j<5/2;j++){

}
```

　　（3）元素互换，下标相加为4的两两互换。

代码
```
char temp = arr[i][j];
arr[i][j] = arr[i][4-j];
arr[i][4-j] = temp;
```

▶ 巩固练习

　　（1）阅读下面的程序代码，填写程序的输出结果。

```
代码  1    #include <iostream>
      2    using namespace std;
      3    int main() {
      4        int sum=0;
      5        int num[10]={1,1,1,1,1,1,1,1,1,1};
      6        for(int i=0;i<10;i++) {
      7            for(int j=0;j<i;j++) {
      8                num[i]=num[i]+num[j];
      9            }
      10       }
      11
      12       for(int i=0;i<5;i++) {
      13           sum += num[i];
      14       }
      15       cout << sum;
      16   }
```

输出：＿＿＿＿＿＿＿＿＿＿＿＿＿＿＿＿＿＿＿＿＿＿＿＿＿＿＿＿

（2）以下对二维数组arr进行初始化不正确的是（　　）。

A．int arr[3][4] ={0};

B．int arr[ ][3] = {{1,2,3},{2,3,4}};

C．int arr[2][3] = {{1,2},{3,4},{5,6}};

D．int arr[3][3] = {{1,2,3},{3,4,5},{6,7,8}};

（3）编写C++程序，尝试将以下数组进行上下翻转。

```
char arr[5][5]={{'%','*','#','*','%'},
                {'*','%','#','%','*'},
                {'#','@','#','&','*'},
                {'*','@','#','&','*'},
                {'&','@','#','&','@'}};
```

第五部分
功能的复用——函数

第71课

组装一架飞机（函数）

这一路的编程学习，我们敲了无数行代码，编写了很多功能，实现了不少算法。循环让程序替代我们永不停息地工作，数组帮助我们存储更多的数字，那什么可以帮助我们减少编写重复代码呢？什么可以在团队协作的时候让他人帮我们编写程序功能呢？

回想一下字母大小写判断的isupper()和islower()，弹窗的MessageBox()，这些是前辈们给我们写好的，被称为函数。我们只需要调用它们就可以实现它们所具备的功能。

我们也可以成为这样的前辈，为后来的学习人员和使用者实现更多有价值的函数。

来吧，从最简单的组装飞机开始吧！

▼ 输出10架飞机

```
代码
1    #include <iostream>
2    using namespace std;
3    int main(){
4
5        cout << "        #"<< endl;
6        cout << "#        #"<< endl;
7        cout << " #       #"<< endl;
8        cout << "  #############"<< endl;
9        cout << "          #"<< endl;
10       cout << "          #"<< endl;
11       cout << "          #"<< endl;
```

代码

```
12
13        cout << "           #"<< endl;
14        cout << "#          #"<< endl;
15        cout << " #         #"<< endl;
16        cout << "   #############"<< endl;
17        cout << "           #"<< endl;
18        cout << "           #"<< endl;
19        cout << "           #"<< endl;
20
21        ...
22        ...
23        return 0;
24    }
```

需要不断地编写代码并输出。

试试函数吧，只要掌握了一架飞机的组装方式，就可以快速地调用函数输出无数架飞机。

代码

```
1    #include <iostream>
2    using namespace std;
3    void plane() {
4        cout << "           #"<< endl;
5        cout << "#          #"<< endl;
6        cout << " #         #"<< endl;
7        cout << "   #############"<< endl;
8        cout << "           #"<< endl;
9        cout << "           #"<< endl;
10        cout << "           #"<< endl;
11    }
12    int main() {
13        plane();
14        plane();
15        return 0;
16    }
```

哇～一行代码 plane() 就是一架飞机呀！

```
void plane() {
    cout << "        #" << endl;
    cout << "#        #" << endl;
    cout << " #       #" << endl;
    cout << "  #############" << endl;
    cout << "        #" << endl;
    cout << "       #" << endl;
    cout << "        #" << endl;
}
```

这就是我们定义的函数plane()，它的功能是负责组装飞机，在后面程序中只要需要组装飞机，就可以直接调用它。

划重点

函数的语法形式：

数据类型 函数名（ 参数 ）{
　　函数体（函数功能所在）
}

其实我们一直就在使用函数，看看下面的代码是否很熟悉。

```
int main() {

    return 0;
}
```

这就是主函数main()，我们天天编写程序主体的地方就是主函数的函数体。

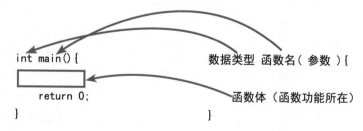

（1）**数据类型**是函数返回值的数据类型，比如主函数是整数类型，所以它最后使用return 0返回了一个0。而plane()函数没有返回值，所以数据类型使用void表示无返回值。

翻译助力理解

- void：空的，无效的。

（2）**函数名**是函数的标识，除了主函数必须用main以外，其他函数可以根据程序功能自己取名字。函数名后面必须跟着圆括号**( )**。

（3）**( )**里面负责放需要传入函数的参数，如果为空，就说明没有参数，plane()函数就没有参数。

（4）**{}**负责将函数执行语句包裹住，组合成函数体，plane()的函数体是由若干个完成了字符飞机的组装的输出语句组成的。

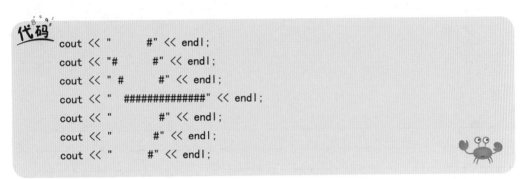

```
cout << "        #" << endl;
cout << "#        #" << endl;
cout << " #        #" << endl;
cout << "  #############" << endl;
cout << "        #" << endl;
cout << "        #" << endl;
cout << "        #" << endl;
```

（5）要调用函数，只需要在使用的位置插入**函数名(参数)**即可。

▶**巩固练习**

（1）函数的哪个部分不是必需的（　　）。

④　　　②( )　①
↑　　　　↑　↑
数据类型 函数名 (参数){

　函数体（函数功能所在）

} → ③{}

　　A. ①
　　B. ②
　　C. ③
　　D. ④

（2）阅读以下程序，填写程序输出结果。

```
1   #include <iostream>
2   using namespace std;
3   void shuchu() {
4       int a=10, b=12;
5       cout << a+b << endl;
6   }
7   int main() {
8       cout << "++++"<< endl;
9       shuchu();
10      cout << "****"<< endl;
11      return 0;
12  }
```

输出：

（3）尝试编写一个函数输出以下*组合。

```
*
**
***
****
*****
******
*******
********
*********
**********
```

第72课

挑个最大的（函数、返回值）

为零食抓取机嵌入这样一个函数，从一箱零食中挑出最重的一袋，让大家开心一番。

编写一个max()函数，挑出最大的，然后返回给我们。

▼ 挑个最大的

```
1   #include <iostream>
2   using namespace std;
3   int max() {
4       int nums[10] = {68, 86, 96, 69, 88, 78, 87, 99, 65, 95};
5       int maxnum=0;
6       for(int i=0;i<10;i++) {
7           if(maxnum<nums[i]) {
8               maxnum = nums[i];
9           }
10      }
11      return maxnum;
12  }
13  int main() {
14      int value = max();
15      cout << value;
16      return 0;
17  }
```

运行程序：

99

（1）函数体：从数组nums中取出一个最大值，赋值给变量maxnum。

```
int nums[10] = {68, 86, 96, 69, 88, 78, 87, 99, 65, 95};
    int maxnum=0;
    for(int i=0;i<10;i++){
        if(maxnum<nums[i]){
            maxnum = nums[i];
        }
    }
```

（2）定义一个max函数，名字取max是为了方便我们记忆函数和理解函数功能。

```
int max(){

}
```

（3）设置函数返回值为整数类型int，再通过return maxnum将获取到的最大数返回给函数的调用者。函数设置的返回值类型和最终返回的数据类型必须保持一致。

（4）int value = max()：在主函数中调用函数max()，value = max()其实是 value = maxnum，将函数最终的返回值赋值给了value，但是程序不能直接写成 value = maxnum。

敲黑板

maxnum是函数max()内部的变量，被称为局部变量，它只在max()函数范围内有效和存在，在函数max()之外是不存在的，就算有同名的也不是它了。

所以输出的是数组的最大值99。

▶巩固练习

（1）C++语言中，函数返回值的数据类型是由什么决定的？（　）

    A．return语句中的变量

    B．主函数中接收函数的变量数据类型

    C．传递给函数的参数

    D．定义函数时指定的数据类型

（2）下面描述正确的是（　）。

    A．C++语言的函数必须要有return语句

    B．C++程序中的函数必须定义在main函数中

    C．C++程序中，int可以作为函数的返回值类型

    D．C++程序中，自己创建的函数也可以取名main

（3）阅读以下程序代码，填写程序的输出结果。

```
1    #include <iostream>
2    using namespace std;
3
4    int add(){
5        int a=8,b=6,c=9,temp;
6        temp = c;
7        c = b;
8        b = temp;
9        return a+b;
10   }
11   int main(){
12       int a = 10;
13       cout << add();
14       return 0;
15   }
```

输出：＿＿＿＿＿＿＿＿＿＿＿＿＿＿＿＿＿＿＿＿＿＿

第73课

进制小 case（函数、参数）

当函数有了参数以后，其灵活性大大提高了。将我们之前编写的十进制转换成二进制的程序改写为函数，以后只要需要进制转换就可以调用该函数了。

一起来试试效果吧！

▼ 进制转换

```cpp
1    #include <iostream>
2    using namespace std;
3
4    void binary(int num){
5        int length=0;
6        int arr[100];
7        while (num!=0){
8            int binaryNum = num % 2;
9            num = num / 2;
10           arr[length]=binaryNum;
11           length++;
12       }
13       for(int i=length-1;i>=0;i--){
14           cout << arr[i];
15       }
16   }
```

代码
```
17
18  int main(){
19      int input;
20      cin >> input;
21      binary(input);
22      return 0;
23  }
```

运行程序

输入：

10

输出：

1010

（1）创建了一个无返回值但是带有一个整数型参数的函数binary()。

代码
```
void binary(int num){

}
```

（2）传入的参数num，在函数中作为十进制数字。

（3）通过短除法，当商为0的时候跳出循环，将余数存入数组，最后将数组倒序输出。

（4）在主函数中输入一个数字input，再将input作为参数传入函数binary( )，进入函数后num的值就是input的值了。

 敲黑板

传入函数的参数数据类型必须和函数定义时的参数数据类型相同。

▶ 巩固练习

（1）定义了如下函数，请问正确的参数是哪一项？（　　）

```
void icon(char num){

}
```

A．"Hello"   B．我   C．'*'   D．"*"

（2）下面是一个函数黑盒，无论输入什么数字，最后都会变成数字1输出，请完善程序。

```
1   #include <iostream>
2   using namespace std;
3
4   int shuchu1(int num) {
5       return _____;
6   }
7
8   int main() {
9       int input;
10      cin >> input;
11      cout << shuchu1(_____);
12      return 0;
13  }
```

（3）编写一个累加求和的C++函数，输入一个数字，输出从1一直加到这个数字的总和。

样例输入：

100

样例输出：

5050

计算小能手（函数、多参数）

将我们之前设计的计算器制作成函数，方便后面计算，只需要输入数字和运算符就可以轻松地计算出结果。

计算小能手

```
1   #include <iostream>
2   #include <string>
3   using namespace std;
4
5   void answer(float num1,float num2,char symbol){
6       if(symbol=='+'){
7           cout << num1 << '+' << num2 << '=' << num1+num2 << endl;
8       }
9       else if(symbol=='-'){
10          cout << num1 << '-' << num2 << '=' << num1-num2 << endl;
11      }
12      else if(symbol=='*'){
13          cout << num1 << '*' << num2 << '=' << num1*num2 << endl;
14      }
15      else if(symbol=='/'){
16          if(num2!=0)
17              cout << num1 << '/' << num2 << '=' << num1/num2 << endl;
18          else{
```

```
代码 19              cout << "除数不能为零。"<< endl;
     20          }
     21        }
     22        else{
     23          cout << "请输入正确的算术运算符！"<< endl;
     24        }
     25  }
     26
     27  int main(){
     28
     29      int num1, num2;
     30      char symbol;
     31      cout << "输入第一个数字：";
     32      cin >> num1;
     33      cout << "输入算术运算符(+、-、*、/)：";
     34      cin >> symbol;
     35      cout << "输入第二个数字：";
     36      cin >> num2;
     37      answer(num1, num2, symbol);
     38
     39      return 0;
     40  }
```

运行程序：

输入：

输入第一个数字：98
输入算术运算符(+、-、*、/)：*
输入第二个数字：96

一个等式出来了！

输出：

98*96=9408

函数float answer(float num1,float num2,char symbol){ }一共有3个参数，分别是float num1、float num2、char symbol，每个参数都有自己的数据类型。

调用函数时，只需要将对应的参数写入对应的位置。传入参数的时候可是有顺序要求的，必须和定义函数时的位置顺序相同，以answer(num1,symbol,num2);这种参数顺序调用该函数可就出错了。

▶巩固练习

（1）找出下面代码中的错误部分，并修正。

```
1   #include <iostream>
2   using namespace std;
3
4   float answer(float num1,float num2){
5       cout << num1 << '/' << num2 << '=' << num1/num2 << endl;
6   }
7   int main(){
8
9       int num1,num2;
10      cout << "输入被除数：";
11      cin >> num1;
12      cout << "输入除数：";
13      cin >> num2;
14      answer(num2,num1);
15      return 0;
16  }
```

（2）下面哪种声明方式正确地表示了一个函数接收整数参数x和浮点数参数y？（　　）

    A．void myFunction(int x, float y);

    B．void myFunction(x：int, y：float);

    C．void myFunction(int x；float y);

    D．void myFunction(int, float);

（3）创建一个函数，输入任意3个字符串，将3个字符串中的字母转换成大写字母后拼接并倒序输出。

样例输入：

x y z

样例输出：

ZYX

第75课

我和你一样却不一样
（全局与局部）

我设计了一个计算圆面积和圆周长的函数，让它们一起探索一下变量的作用域。π是一个恒定不变的值，直接声明为常量const float pi = 3.14，写在程序最外层。这就是一个全局变量，在程序中可以随处访问。

▼ 关于圆

```
1    #include <iostream>
2    using namespace std;
3    //设定π的值
4    const float pi = 3.14;
5    //计算圆面积
6    float area(float radius){
7        radius = 2;
8        return pi * radius * radius;
9    }
10   //计算圆周长
11   float perimeter(float radius){
12       return 2 * pi * radius;
13   }
14   int main(){
15       float radius;
```

```
代码 16    cin >> radius;
     17    cout << "圆面积是："<< area(radius)<< endl;
     18    cout << "圆周长是："<< perimeter(radius) << endl;
     19 }
```

运行程序：

输入：

10

输出：

圆面积是：12.56
圆周长是：62.8

（1）const float pi = 3.14，是声明在所有函数之外的变量，我们称之为全局变量，程序中所有函数都可以使用它，无论是area()、perimeter()还是main()，pi的有效范围都是从声明它开始到程序结束。

（2）定义了两个函数，area()负责计算面积，perimeter()负责计算周长，它们都会将计算结果返回。

函数area()：

```
float area(float radius){
    radius = 2;
    return pi * radius * radius;
}
```

输入一个浮点数参数，计算后返回一个浮点数。

函数perimeter()：

```
float perimeter(float radius){
    return 2 * pi * radius;
}
```

输入一个浮点数参数，计算后返回一个浮点数。

（3）调用函数，将参数传入函数，将返回值输出。

```
cout << "圆面积是：" << area(radius)<< endl;
cout << "圆周长是：" << perimeter(radius) << endl;
```

运行程序：

输入：

10

输出：

圆面积是：12.56
圆周长是：62.8

▶ 提出思考

在函数 area(radius) 执行时，radius = 2 不是将 radius 的值改成了 2 吗，为什么周长的计算还是用的 10 呢？

还记得变量作用域吗？ area() 中的 radius 只能作用于函数自己，并不能作用于 area() 以外的部分，所以 area() 内部的改变并没有影响主函数 main() 中的变量 radius。

因此，perimeter(radius) 传参传入的是 main() 函数中的变量 radius，值为 10。

虽然变量名都是 radius，但却是两个完全不同的变量，就像两个名字相同的人，虽然名字相同，但人却完全不同。

```
1    #include <iostream>
2    using namespace std;
3    //设定π的值
4    const float pi = 3.14;
5    //计算圆面积
6    float area(float radius){
7        radius = 2;
8        return pi * radius * radius;
9    }
10   //计算圆周长
11   float perimeter(float radius){
12       return 2 * pi * radius;
13   }
14   int main(){
15       float radius;
16       cin >> radius;
17       cout << "圆面积是："<< area(radius)<< endl;
18       cout << "圆周长是："<< perimeter(radius) << endl;
19   }
```

虽然名字一样，但含义不一样

划重点

在函数外部定义的变量称为**全局变量**，在函数内部定义的变量称为**局部变量**。
全局变量可以全程序范围内使用。

局部变量

（1）局部变量只在定义它的函数内有效。

（2）局部变量之间相互不干扰，分别代表不同的含义。

（3）当局部变量和全局变量重名时，在函数范围内局部变量可以屏蔽全局变量。

循环中的局部变量，两个i互不干扰。

```
代码  for(int i=0;i<10;i++){
          for(int i=0;i<5;i++){
              cout << i;
          }
          cout << endl;
      }
```

▶ **巩固练习**

（1）在C++中，全局变量的作用域是什么？（　　）

　　A．全局变量只在定义它们的函数内部可见

　　B．全局变量在整个程序中都可见，可以在任何地方访问

　　C．全局变量只在包含它们的循环中可见

　　D．全局变量在主函数中可见

（2）在C++中，全局变量和局部变量可以具有相同的名称吗？（　　）

　　A．可以，不会引发问题

　　B．不可以，会导致编译错误

　　C．只有在主函数中才能具有相同的名称

　　D．只有在不同的函数中才能具有相同的名称

（3）阅读以下程序，填写程序运行后的输出结果。

代码

```
1    #include <iostream>
2    using namespace std;
3
4    int num = 1;
5    int add(int num) {
6        for(int i=0;i<10;i++) {
7            num++;
8        }
9        return num;
10   }
11   int main() {
12       cout << num << endl;
13       cout << add(num) << endl;
14       num = 10;
15       cout << add(num) << endl;
16   }
```

输出：

移位加密（函数应用）

　　加密容易解密难，有时候稍微将输入的字符按照一定的规则移动一下位置，就很难理解了。

　　你知道o rubk i这段加密字符串的原字符串是什么吗？

　　其实呀，这是由i love c每个字母向右移动6位得到的。

a,b,c,d,e,f,g,h,i,j,k,l,m,n,o,p,q,r,s,t,u,v,w,x,y,z

i移动6位

i → j → k → l → m → n → o

l移动6位

l → m → n → o → p → q → r

……

v移动6位

v → w → x → y → z → a → b

超出了就循环到a重新开始。

还有空格呢？

▼ 程序逻辑

我们可以定义一个函数来实现移位加密。

这个函数需要传入一个字符串和一个秘钥（决定字符移动几位），最后返回加密的字符串。

（1）一个字符串返回值，一个字符串参数，一个整数型秘钥参数（表示移动位数）。

```
string password(string str,int pass){

}
```

（2）循环读取字符串中的每一个字符，逐一处理。

```
for(int i=0;i<str.length();i++){

}
```

（3）有3种情况：遇到空格，字符移位超过z，字符移位正常。

①遇到空格则直接忽略，跳到循环的下一个轮次。

```
if(str[i]==' '){
    continue;
}
```

②字符移位超过z，将剩余位数移动到a重新开始计算。

```
else if(str[i]+pass>'z'){
    str[i] = 'a'+(pass-('z'-str[i]))-1;
}
```

③移位正常，即移位后在z范围内。

```
else{
    str[i]=str[i]+pass;
}
```

想一想这3个条件判断的排序是否有讲究？

▼ **移位加密**

```
1    #include <iostream>
2    using namespace std;
3
4    string password(string str,int pass){
5        pass = pass%26;
6        for(int i=0;i<str.length();i++){
7            if(str[i]==' '){
8                continue;
9            }
10           else if(str[i]+pass>'z'){
11               str[i] = 'a'+(pass-('z'-str[i]))-1;
12           }
13           else{
14               str[i]=str[i]+pass;
15           }
16       }
17       return str;
18   }
19
20   int main(){
21       string str;
22       getline(cin,str);   //确保空格可以输入
23       cout << password(str,6);
24       return 0;
25   }
```

运行程序：

输入：

hello

输出：

nkrru

敲黑板

pass = pass%26：如果移动位数大于字母的数量（26个字母），我们进行求余操作，使得移动位数回到范围内。

▶ 巩固练习

（1）阅读以下程序代码，完善程序。

```
_____ reverseString(string str) {
    string reversed;
    for (int i = str.length() - 1; i >= 0; i--) {
        reversed += str[i];
    }
    return reversed;
}
```

（2）如果函数不返回任何值，其返回类型应该是什么？（　　）

    A．int

    B．void

    C．double

    D．char

（3）根据移位加密法编写解密程序，输入加密后的字符串和秘钥，输出解密后的字符串。

样例输入：

o rubk i

样例输出：

i love c

数组也能传（函数应用）

函数传参，什么都可以吗？数组可以吗？排序算法最需要这个功能了，将一个数组传入其中，再将正确的排序输出。

▼ 数组也能传

```cpp
1    #include <iostream>
2    using namespace std;
3
4    void order(int arr[],int length){
5        //冒泡排序
6        for(int i=0;i<length-1;i++){
7            for(int j=0;j<length-i-1;j++){
8                if(arr[j]>arr[j+1]){
9                    int temp = arr[j+1];
10                   arr[j+1]=arr[j];
11                   arr[j]=temp;
12               }
13           }
14       }
15       cout << "排序后：";
16       for(int i=0;i<length;i++){
17           cout << arr[i] << " ";
18       }
```

代码

```
19      }
20
21      int main() {
22          int arr[15]={23, 45, 12, 24, 67, 16, 8, 98, 54, 43, 46, 45, 109, 68, 86};
23          order(arr, 15);
24          return 0;
25      }
```

运行程序：

排序后：8 12 16 23 24 43 45 45 46 54 67 68 86 98 109

将冒泡排序法编写成函数order()，以后使用冒泡排序再也不用重新编写代码了，直接调用order()函数可以了。

 敲黑板

将数组和数组的长度作为参数传入函数中。

代码

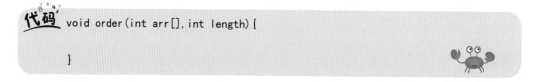

```
void order(int arr[], int length) {

    }
```

▶ 巩固练习

（1）一个C++程序总是从什么开始执行？（　　）

    A．主程序

    B．子程序

    C．主函数

    D．第一个函数

（2）以下说法错误的是（　　）。

    A．全局变量是在函数外定义的变量，因此又叫作外部变量

    B．一个函数中既可以使用本函数中的局部变量，也可以使用全局变量

    C．全局变量不能在主函数中使用

    D．全局变量和局部变量同名，则在局部变量的作用范围内，全局变量不起作用

（3）编写一个C++程序，输入若干个整数，输出整数中最大的数字，并输出具体位数。

输入：

第一行输入整数的数量。
第二行输入整数，用空格隔开。

输出：

第一行输出最大的数字。
第二行输出具体位数。

样例输入：

3
123 12345 1234567

样例输出：

1234567
7

第78课

阶乘再求和（函数应用）

先计算阶乘再求和：1！+2！+3！+4！+5！+6！+7！+8！+9！+10！＝？

▼ 阶乘再求和

编写一个计算阶乘的函数。

代码

```
1   #include <iostream>
2   using namespace std;
3
4   int factorial(int num){
5       int product=1;
6       for(int i=1;i<=num;i++){
7           product *= i;
8       }
9       return product;
10  }
11
12  int summation(int num){
13      int sum=0;
14      for(int i=1;i<=num;i++){
15          sum += factorial(i);
16      }
```

```
代码 17        return sum;
     18    }
     19 □ int main(){
     20        cout << summation(10);
     21        return 0;
     22    }
```

运行程序：

4037913

这里有两个函数。一个是计算阶乘的函数：

```
代码 int factorial(int num){
        int product=1;
        for(int i=1;i<=num;i++){
            product *= i;
        }
        return product;
    }
```

另一个是求和函数，每次求和调用factorial()，将函数的返回值进行求和。函数里调用函数。

```
代码 int summation(int num){
        int sum=0;
        for(int i=1;i<=num;i++){
            sum += factorial(i);
        }
        return sum;
    }
```

▶ 巩固练习

（1）阅读以下程序，填写输出结果。

代码

```
1    #include <iostream>
2    using namespace std;
3
4    void exchange(int a,int b){
5        int temp;
6        temp = a;
7        a = b;
8        b = temp;
9    }
10
11   int division(int a,int b){
12       exchange(a,b);
13       return a/b;
14   }
15   int main(){
16       int a,b;
17       cin >> a >> b;
18       cout << division(a,b);
19       return 0;
20   }
```

输入：

10 5

输出：＿＿＿＿＿＿＿＿＿＿＿＿＿＿＿＿＿＿＿＿

（2）下列关于C++函数的描述中，正确的是（　　）。

　　A. 每个函数至少要有一个参数　　　　B. 每个函数都必须返回一个值

　　C. 函数在被调用之前必须先声明　　　　D. 函数不能自己调用自己

（3）输入一个正整数num，计算出从1到num中所有数字平方的和。

样例输入：

10

样例输出：

385

第六部分
C++的灵魂——指针

探寻宝藏的地址（指针、指针运算）

指针可谓是C++的灵魂，那么什么是指针呢？在计算机的内存中存放着各种数据，而指针则告诉我们这些数据所存放的位置（数据存放的地址）。

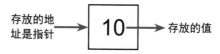

一起来探寻一下宝藏吧。

▼ **探寻宝藏**

```cpp
1  #include <iostream>
2  using namespace std;
3  int main(){
4      string str;
5      string *strp;
6      str = "宝藏";
7      strp = &str;
8
9      cout << str << endl;
10     cout << strp << endl;
11     return 0;
12 }
```

运行程序：

宝藏

`0x6ffe00`

（1）**string str**定义了一个字符串变量str。

（2）**string *strp**定义了一个字符串指针变量strp。

 划重点

定义指针变量的形式：

类型说明符 * 变量名

$\downarrow$ $\downarrow$ $\downarrow$

string   *   strp

类型说明符表示该指针变量所指向的变量的数据类型。

（3）**str = "宝藏"** 为变量str赋值，此处内存的某一个地址中存放了"宝藏"。

存放的数据是字符串"宝藏"，但是"宝藏"存放到了哪里呢，那里的地址是什么呢？

（4）通过**strp = &str**将变量str的地址赋值给指针变量strp。

 敲黑板

如何获取一个变量的地址呢？

通过**&+变量名**的方式获取→&str获取到str变量的地址。

通过给指针变量strp赋值，strp指向了存放"宝藏"的地址。

（5）输出变量str的内容是将存放在该变量中的数据输出了，而输出指针变量strp的内容则是将存放其中的地址输出了。

那么如何通过地址获取到地址中的数据呢？

cout << *strp << endl

*strp表示strp指向的变量，strp存放的是变量str中的地址，*strp就访问了变量str，可以把*strp看作和str等价。

 敲黑板

这里的*strp和定义指针变量时的*strp是不同的，声明或定义变量时，在变量前加*表示这是一个指针变量。

▼ **指针加法**

指针也能做加法。

```
1    #include <iostream>
2    using namespace std;
3    int main(){
4        int num1,num2, *num1p, *num2p;
5        num1p = &num1;
6        num2p = &num2;
7
8        num1 = 2023;
9        num2 = 2022;
10
11       cout << *num1p + *num2p;
12       return 0;
13   }
```

运行程序：

4045

（1）上述代码中声明了两个整数类型的变量num1和num2。

（2）上述代码中声明了两个整数类型的指针变量num1p和num2p。

（3）将指针变量num1p和num2p分别指向num1和num2的内存空间。

 敲黑板

变量的内存地址使用**取地址运算符&**获取。

&num1

&num2

（4）通过 ***num1p + *num2p** 进行值的运算。

*num1p + *num2p **等价于地址指向变量** → num1+num2

 划重点——指针操作说明表

说　明	样　例
声明变量： 数据类型　变量名	int num = 6
声明指针： 类型说明符　*指针变量名	int *p;
指针赋值（&取地址运算符）： & 变量名	&num

（续）

说　明	样　例
指向变量（＊间接运算符）： ＊指针变量	*p = num
指针变量直接存取的是内存地址	cout << p　→ 地址：0x6ffe10
指针变量间接存取的是数据的值	cout << *p → 数据值：6

▶巩固练习

（1）根据下面程序的输出结果完善程序代码。

```
代码
1    #include <iostream>
2    using namespace std;
3    int main(){
4        int i=1, j=2;
5        int *p=&i;
6
7        _____
8
9        _____
10       cout << i << endl;
11       return 0;
12   }
```

运行程序：

2

（2）阅读以下程序代码，填写输出结果。

```
代码
1    #include <iostream>
2    using namespace std;
3    int main(){
4        int i=6, j=8;
5        int *p1,*p2,*temp;
6        p1 = &i;
7        p2 = &j;
8
9        temp = p1;
```

```
代码  10   p1 = p2;
      11   p2 = temp;
      12   cout << *p1 << " " << *p2 << endl;
      13   return 0;
      14 }
```

输出：_____

_____

_____

（3）如果再加一句代码cout << i << " " << j << endl;，又会多输出什么？

_____

第80课

穿越时空（指针、指针运算）

深入理解指针，根据对指针进行各项操作观察其中值的变化，探索指针的每项操作背后的逻辑和结果。

> 探索知识比背诵知识有趣多了！

▼ **穿越时空**

```cpp
1   #include <iostream>
2   using namespace std;
3   int main(){
4       int year1=2023,year2=2022;
5       int *p1,*p2,*p;
6       int num;
7       p1 = &year1;
8       p2 = &year2;
9       //根据指针地址输出内存中存放的内容，p1是year1的地址
10      cout << *p1 << " " << *p2 << endl;
11
12      //指针地址指向交换
13      p = p1;
14      p1 = p2;
15      p2 = p;
```

```
代码 16      //地址更换，p1指向了year2
     17      cout << *p1 << " " << *p2<< endl;
     18      //但是内存存放的内容没有改变，所以year1还是2023
     19      cout << year1 << " " << year2<< endl;
     20
     21      //更换了内存的内容
     22      num = *p1;
     23      *p1 = *p2;
     24      *p2 = num;
     25      //内存存放的内容改变了，year1变成了2022，之前已经地址互换了，p1指向的
             是year2
     26      cout << *p1 << " " << *p2<< endl;
     27      cout << year1 << " " << year2<< endl;
     28      return 0;
     29  }
```

运行程序：

2023 2022

2022 2023

2023 2022

2023 2022

2022 2023

（1）int year1=2023,year2=2022声明了两个整数类型的变量year1=2023和year2=2022。

（2）int *p1,*p2,*p声明了3个指针变量p1，p2，p。

（3）int num声明了一个整数类型的变量num。

（4）p1 = &year1将指针变量p1指向变量year1的存储地址，p2 = &year2将指针变量p2指向变量year2的存储地址。此时p1与year1关联，p2与year2关联。

（5）第一次输出cout << *p1 << " " << *p2 << endl。

cout << *p1 << " " << *p2 << endl

　　　　↓　　等价　　↓

　　year1　　　　　year2

　　　↓　　输出　　↓

　　2023　　　　　2022

（6）指针变量存储的地址进行交换。

```
p = p1;
p1 = p2;
p2 = p;
```

```
p1  →  &year1
p2  →  &year2
↓交换后
p1  →  &year2
p2  →  &year1
↓
```
地址交换，变量year1和year2中存储的数据本身并没有交换

（7）第二次输出cout << *p1 << " " << *p2<< endl，地址指向发生了变化。

```
cout << *p1 << " " << *p2<< endl
        ↓      等价      ↓
      year2           year1
        ↓      输出      ↓
      2022            2023
```

（8）存储的数据没有改变，所以变量year1中的值还是2023，变量year2中的值还是2022。

`cout << year1 << " " << year2<< endl`

（9）交换存储内容。

```
num = *p1;
*p1 = *p2;
*p2 = num;
```

此时内存中存放的内容发生了变化。

```
*p1 从 2022 变成了 2023
*p2 从 2023 变成了 2022
↓（同时）
year1 从2023 变成了 2022
year2 从2022 变成了 2023
```

▶ 巩固练习

（1）下面哪段代码表示指针赋值？（　　）

A.
```
int a = 12;
int *p = &a;
```

B.
```
*int p = 3;
```

C.

```
int num = 3;
int *p = num;
```

D.

```
int num=3, *p;
p = *num;
```

（2）阅读下面的程序，填写程序的输出结果。

```
代码
1    #include <iostream>
2    using namespace std;
3    int main() {
4        int num =10;
5        int *p = &num;
6        cout << *p + num;
7        return 0;
8    }
```

输出：＿＿＿＿＿＿＿＿＿＿＿＿＿＿＿＿＿＿＿＿＿＿

（3）阅读以下程序代码，填写程序的输出结果。

```
代码
1    #include <iostream>
2    using namespace std;
3    int main() {
4        string str1="Hello", str2="world";
5        string *p1=&str1,*p2=&str2,*p;
6
7        p = p1;
8        p1 = p2;
9        p2 = p;
10
11       cout << *p1 << " " << *p2<< endl;
12       cout << str1 << " " << str2<< endl;
13       return 0;
14   }
```

输出：＿＿＿＿＿＿＿＿＿＿＿＿＿＿＿＿＿＿＿＿＿＿

投票表决（指针、指针与数组）

编程世界推出全民编程计划决议，需要10位参会代表投票，如果赞同票数超过80%，表示通过决议。投票规则1代表赞同，−1代表反对，其他数字表示弃权。

▼ 投票表决

```cpp
1    #include <iostream>
2    using namespace std;
3    int main() {
4        int vote[10]={0};
5        int *p, abstention=0, agree=0, beAgainst=0;
6        p = vote;
7        for(int i=0;i<10;i++) {
8            cin >> *(p+i);
9        }
10
11       for(int i=0;i<10;i++) {
12           cout << *(p+i) << " ";
13           if(*(p+i)==1) {
14               agree++;
15           }
16           else if(*(p+i)==-1) {
17               beAgainst++;
```

```
代码  18          }
      19          else{
      20              abstention++;
      21          }
      22      }
      23      cout << endl;
      24
      25      cout << "决议最终，赞同："<< agree << "票；反对："<< beAgainst << "
                票；弃权："<< abstention << "票";
      26      return 0;
      27  }
```

运行程序，输入：

1 1 1 1 1 0 1 1 -1 1

输出：

1 1 1 1 1 0 1 1 -1 1

决议最终，赞同：8票；反对：1票；弃权：1票

（1）int vote[10]={0}声明了一个长度为10的整数数组，设置初始值全为0。

（2）int *p声明了一个指针变量。

（3）p = vote让指针变量指向数组vote。

敲黑板

指向数组的指针变量称为数组指针变量，一个数组是由一块连续的内存单元组成的，数组名代表了这块连续内存单元的首地址。因此，p = vote意味着将指针变量指向了数组中的第一个元素的地址（也称为数组的首地址）。

p = vote等价于p = &vote[0]，它们都将指针变量指向了数组的首元素地址，首地址可以表示为p、vote、&vote[0]。那么元素vote[1]的地址可以表示为p+1、vote+1、&vote[1]。

（4）*(p+i)：既然p代表数组首元素的地址，那么p+1就表示第二个元素地址，p+2表示第三个元素地址，以此类推。还可以通过p[i]下标的方式来表示。

敲黑板

假设声明了数组int vote[10]={0}和指针变量int *p，再让指针变量指向数组p = vote，那么可以采用以下两种方法来访问数组元素：

- 采用下标法p[i]来访问数组vote的元素。
- 采用指针法*(p+i)（相当于地址往后移动i个位置）来访问数组vote的元素。

（5）*(p+i)==1、*(p+i)==-1将数组元素与1和-1进行比较。

▶巩固练习

（1）阅读下面的程序代码，如果想要输出字母'e'，问号处应该选择数字几？
（　　）

```
1  #include <iostream>
2  using namespace std;
3  int main() {
4      char ch[] = {'a','b','c','d','e','f','g'};
5      char *p = ch;
6      cout << *(p+? );
7      return 0;
8  }
```

A. 5

B. 4

C. 3

D. 2

（2）阅读下面的程序代码，填写程序的输出结果。

```
1   #include <iostream>
2   using namespace std;
3   int main() {
4       int num[] = {1, 2, 3, 4, 5, 6, 7, 8, 9};
5       int *p = num;
6
7       for (int i=8; i>0; i=i-2) {
8           cout << "*" << *(p+i);
9       }
10
11      return 0;
12  }
```

输出：_____

（3）以下程序是对数组num中的所有元素求和，请完善该程序。

```cpp
#include <iostream>
using namespace std;
int main() {
    int num[10]={0, 1, 2, 3, 4, 5, 6, 7, 8, 9};
    int *p, sum=0;

    p =_____;
    for(int i=0; i<10; i++) {

        cout << *(_____);

        sum += p[_____];
    }
    cout << endl;
    cout << sum;
    return 0;
}
```

第82课

指向火车头（指针、指针与数组）

数组指针有个特别形象的比喻就是火车头，它并不代表整个数组，而只是指向了数组的首地址，随之拉动整个数组。

来吧，一起探索一下指针是如何拉动整个数组的。

▼ 指向火车头

```cpp
1   #include <iostream>
2   using namespace std;
3   int main() {
4       int *p;
5       int num1[6]={1, 2, 3, 4, 5, 6};
6       int num2[10]={9, 8, 7, 6, 5, 4, 3, 2, 1, 0};
7
8       p = num1;
9       //加了*就表示输出里面的内容，*(p+1)是地址往后加1，*p + 1是值加1
10      cout << p << " " << *(p+1) << " " << *p+1 << endl;
11
12      p = &num2[3];
13
14      for(int i=0; i<6; i++) {
15          cout << *(p+i) << " ";
16      }
```

```
代码  17        cout << endl;
      18┌       for(int i=0;i<6;i++){
      19│          cout << *p+i << " ";
      20├       }
      21│       return 0;
      22└    }
```

运行程序：

0x6ffde0 3 2

6 5 4 3 2 1

6 7 8 9 10 11

结果分析

当 p = num1 时，指针 p 指向数组 num1 的首地址，p 就意味着是 num1 数组的首地址 0x6ffde0。*(p+1) 则是首地址往后移动一位，是数组的第二个元素 3。*p+1 表示第一个元素的值加上 1，其结果为 2。

cout << p << " " << *(p+1) << " " << *p+1 << endl

    ↓   ↓   ↓

0x6ffde0   3   2

程序分析

（1）探索其中的 p、*(p+1)、*p+1 有什么区别。

因为 p = num1，此时指针变量指向了 num1 数组的首地址。

*(p+1) 分为两步：① 将地址往后移动一个位置到了数组的第二个元素的地址；② 在前面加了 * 表示内存中的数据。*(p+1) 与 num1[1] 等价，是**地址加了 1**。

*p + 1 和 num1[0] + 1 等价，是**值加了 1**。

（2）p = &num2[3]，此时 p 指向的地址是数组 num2 的第 4 个元素 6。

```
代码  for(int i=0;i<6;i++){
          cout << *(p+i) << " ";
      }
```

循环 6 次，观察数组 {9,8,7,6,5,4,3,2,1,0}：

从元素6开始输出
↓
*(p+0) → （当前位置）6
↓
*(p+1) → （地址后一位）5
↓
*(p+2) → （地址后两位）4
↓
*(p+3) → （地址后三位）3
↓
*(p+4) → （地址后四位）2
↓
*(p+5) → （地址后五位）1

（3）

代码
```
for(int i=0;i<6;i++){
    cout << *p+i << " ";
}
```

循环6次，观察数组{9,8,7,6,5,4,3,2,1,0}：

从元素6开始输出，输出的值+i
↓
*p+0 → 6+0 → 6
↓
*p+1 → 6+1 → 7
↓
*p+2 → 6+2 → 8
↓
*p+3 → 6+3 → 9
↓
*p+4 → 6+4 → 10
↓
*p+5 → 6+5 → 11

这样推演真好懂！

▶巩固练习

（1）以下哪行代码可以使得程序输出数字9？（　　）

已知：

```
int arr[10]={1, 2, 3, 4, 5, 6, 7, 8, 9, 10};
int *p = arr;
```

    A．*p + 9　　　　　B．*p += 9　　　　　C．*(p+9)　　　　　D．*(p+8)

（2）阅读以下程序，填写程序的输出结果。

```
1  #include <iostream>
2  using namespace std;
3  int main() {
4      int a=8, b=12;
5      int *p1=&a, *p2=&b;
6
7      *p1=a+b;
8      *p2=a+b;
9      cout << a << " " << b;
10     return 0;
11 }
```

输出：＿＿＿＿＿＿＿＿＿＿＿＿＿＿＿＿＿＿＿

（3）阅读以下程序，填写程序的输出结果。

```
1  #include <iostream>
2  using namespace std;
3  int main() {
4      int arr[10]={1, 2, 3, 4, 5, 6, 7, 8, 9, 10};
5      cout << *(&arr[8]);
6      return 0;
7  }
```

输出：＿＿＿＿＿＿＿＿＿＿＿＿＿＿＿＿＿＿＿

接上就是喜欢（指针、指针与字符串）

Scratch、Python、C++编程，我觉得它们各有各的特点，各有各的趣味。这三门语言你都学过吗，其中哪门语言你最喜欢呢？

C++

可否设计一个问答程序呢？

用指针来连接你的回答（连接上"你更喜欢哪种编程语言？"），试着探索指针与字符串的关系吧！

▼ 接上就是喜欢

```
代码
1    #include <iostream>
2    using namespace std;
3    int main(){
4        char *p1,*p2;
5        char ch1[]="I Love";
6        char chScratch[]="Scratch";
7        char chPython[]="Python";
8        char chC[]="C++";
9        char ch;
```

```
代码
10        cout << "Scratch、Python、C++，你更喜欢哪种编程语言?(输入s,p,c)";
11        cin >> ch;
12
13        p1 = ch1;
14        if(ch=='s'){
15            p2 = chScratch;
16        }
17        else if(ch=='p'){
18            p2 = chPython;
19        }
20        else if(ch=='c'){
21            p2 = chC;
22        }
23        else{
24            p2 = "选择错误！";
25        }
26        cout << p1 << " ";
27        cout << p2 << " ";
28        return 0;
29    }
```

运行程序，输入：

Scratch、Python、C++，你更喜欢哪种编程语言?(输入s,p,c)c

输出：

I Love C++

程序分析

（1） char *p1,*p2分别声明了两个指针变量p1和p2。

（2）

```
char ch1[ ]="I Love";
char chScratch[ ]="Scratch";
char chPython[ ]="Python";
char chC[ ]="C++";
```

声明了4个字符数组。

（3）**p1 = ch1**将指针变量p1指向数组ch1。

（4）根据不同的输入选择将指针变量p2指向不同的字符数组。

代码

```
if(ch=='s'){
    p2 = chScratch;
}
else if(ch=='p'){
    p2 = chPython;
}
else if(ch=='c'){
    p2 = chC;
}
else{
    p2 = "选择错误！";
}
```

（5）**p2 ="选择错误！"**将字符串的第一个元素地址赋值给了指针变量p2 。

敲黑板

在程序中定义了一个字符串常量"选择错误！"，但这里的**p2="选择错误！"**并不是将这个字符串赋值给了p2，而是将指针变量p2指向了字符串中第一个字符的地址。

（6）最后将整个字符串输出。

▶ 巩固练习

（1）执行程序char arr[8] = "ABCDEFG"; char *p = arr;后，*p表示什么呢？（　　）

　　A．'G'

　　B．'A'

　　C．'\0'

　　D．不能确定

（2）阅读以下程序代码，填写程序的输出结果。

```
1    #include <iostream>
2    using namespace std;
3    int main(){
4        char *a = "ABCDEFG";
5        cout << a << endl;
6        cout << a[0] << endl;
7        cout << a+2 << endl;
8        return 0;
9    }
```

代码

输出：_____

第84课

函数里的交换（指针、指针与函数）

函数中两种不同的写法却带来了不一样的结果，这就是函数里交换的秘密，我们一起去探寻一番这其中的奥秘。有两个函数，一个改变了主函数中变量的值，另一个却改变不了，这是为什么呢？

▼ 函数中交换的秘密

```
1    #include <iostream>
2    using namespace std;
3    void swap(int x, int y){
4        int temp = x;
5        x = y;
6        y = temp;
7    }
8    void swapAddress(int *x, int *y){
9        int temp = *x;
10       *x = *y;
11       *y = temp;
12   }
13   int main(){
```

```
代码 14        int num1=2023, num2=2022;
     15        swap(num1, num2);
     16        cout << num1 << " " << num2 << endl;
     17        swapAddress(&num1, &num2);
     18        cout << num1 << " " << num2;
     19        return 0;
     20    }
```

运行程序：

2023 2022
2022 2023

程序分析

（1）**swap(num1,num2)**执行完成后为什么数字没有交换呢？因为这里仅仅是传入了num1和num2的值，只是将num1赋值给了x，将num2赋值给了y，接下来就是函数里的变量x和y的操作了，与主函数里的变量num1和num2无关了。

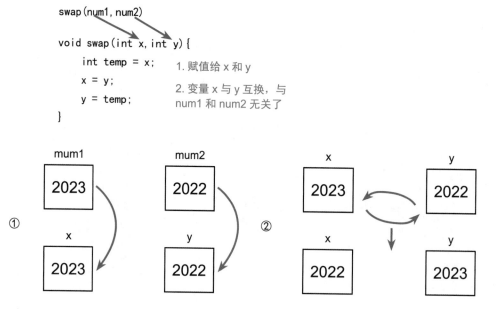

变量x和y属于形参变量，它们只有在函数被调用时才会分配内存，函数调用结束后随之被销毁，形参变量只有在函数内部有效，作用不到函数外部。

（2）**swapAddress(&num1,&num2)**则是将变量num1和num2的地址传递给了函

数，然后在函数中通过地址操作了实际内存中的值，再对它们进行了交换。这其实是对匹配地址里的数据进行了交换，所以做到了实质性的修改。

```
swapAddress(&num1, &num2)

void swapAddress(int *x, int *y) {
    int temp = *x;         1.传入地址
    *x = *y;               2.操作地址对应内存里的值
    *y = temp;
}
```

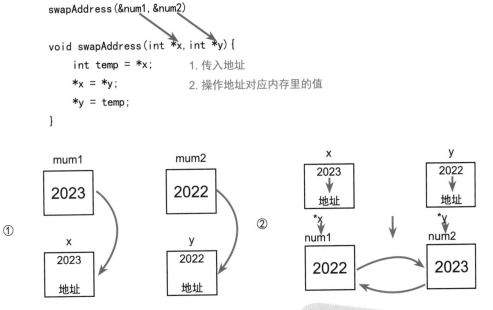

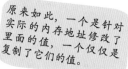

所以最终交换的是变量num1和变量num2的值。

▶ 巩固练习

（1）仔细阅读以下程序，根据变量值的变化，正确的输出结果是（　　）。

```
1   #include <iostream>
2   using namespace std;
3   void sum(int x, int y, int *z) {
4       *z = x + y;
5   }
6   int main() {
7       int a=1, b=2;
8       sum(2, 6, &a);
9       sum(a, b, &b);
10      cout << a << " " << b;
11      return 0;
12  }
```

A. 1   2   B. 1   3
C. 8   10   D. 8   2

（2）阅读以下程序，仔细分析，都代表地址的一组选项是（   ）。

```
1    #include <iostream>
2    using namespace std;
3    int main(){
4        int *p,a;
5        p = &a;
6        cout << &a << " " << p << " " << &*p;
7        return 0;
8    }
```

A. p   &a   *p
B. p   &*p   &a
C. &p   a   &*a
D. &p   &a

（3）阅读以下程序代码，填写程序的输出结果。

```
1    #include <iostream>
2    using namespace std;
3    int main(){
4        int n=3;
5        int *p1=&n, *p2=&n;
6        cout << *p1+n+*p2;
7        return 0;
8    }
```

输出：_____

第85课

双双指向（指针、指针与字符串、指针与函数）

　　函数传参通常使用值传递，即把变量的值复制给函数内部的新变量，这样在函数内对新变量的任何更改都不会影响原始变量的值。然而，有一种方法可以让函数改变其外部变量的值，这种方法就是引用传递。

▼ 引用传递

```
1   #include <iostream>
2   using namespace std;
3   void swapp(char &ch1, char &ch2){
4       char ch;
5       ch = ch1;
6       ch1 = ch2;
7       ch2 = ch;
8   }
9   int main(){
10      char a='A',b='B';
11      swapp(a,b);
12      cout << a << ' ' << b;
13      return 0;
14  }
```

运行程序：

B A

引用传递就是传递参数的引用，实际上是将参数变量取了一个别名传递给函数，它访问的还是原变量的内存地址，所以函数内部对参数的修改会直接影响函数外部的变量。

敲黑板

引用变量的定义方法和常规变量类似，区别在于数据类型和名称之间多了一个&符号。

例如：char &ch1

实际变量a，引用变量ch1。

引用变量ch1就好像变量a的别名，它们共同指向同一个内存地址，所以操作ch1和操作a的结果是一样的，都操作了内存里的'A'。

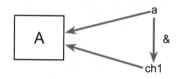

对比学习

通常函数是改变不了主函数中的变量的，但是通过引用变量和传地址的方式，都可以实现原变量的操作。

```
1  #include <iostream>
2  using namespace std;
3  void moveHouse(char ch1,char ch2){
4      char ch;
5      ch = ch1;
6      ch1 = ch2;
7      ch2 = ch;
8  }
9  int main(){
10     char ch1='A',ch2='B';
11     moveHouse(ch1,ch2);
12     cout << ch1 << ' ' << ch2;
13     return 0;
14 }
```

运行程序：

A B

▶巩固练习

（1）引用传递与指针传递相比，主要的区别在于（ ）。

    A. 引用传递需要在函数内部重新创建一个变量

    B. 引用传递中函数()里的参数int& ch表示变量ch的地址

    C. 引用传递不需要额外的内存分配

    D. 当函数中的参数为指针变量int *p时，可以直接传入一个整数变量

（2）阅读以下程序，填写程序的输出结果。

```
1  #include <iostream>
2  using namespace std;
3
4  void modifyValue(int &val) {
5      val += 10;
6  }
7
8  int main() {
9      int num = 5;
10     cout << "num: " << num << endl;
11     modifyValue(num);
12     cout << "num: " << num << endl;
13     return 0;
14 }
```

输出：_____

（3）阅读以下程序，填写程序的输出结果。

```
1  #include <iostream>
2  using namespace std;
3
4  int& getValue(int &x) {
5      x = x + 5;
6      return x;
7  }
```

代码

```
8  int main() {
9      int num = 10;
10     cout << "num: " << num << endl;
11     int &ref = getValue(num);
12     cout << "num:" << num << endl;
13     ref = 20;
14     cout << "num: " << num << endl;
15     return 0;
16 }
```

输出:

恭喜你已经完成了 C++ 基础语法和算法的学习，距离成为编程高手又近了一步。想要成为真正的高手，一定要多思考、多创造，高手是通过思考＋敲代码练就的。